经营者养成笔记

経営者になるためのノート

机械工业出版社
China Machine Press

目录

本书的使用方法

序　章　经营者的含义

第一节　经营者的含义　10
第二节　经营者必须具备的四种能力　13
第三节　为什么必须培养经营者　16

本篇　经营者必须具备的四种能力

第一章　变革的能力
经营者是创新者

第一节　抱持高远的目标　22
第二节　质疑常识，不受常识束缚　27
第三节　树立高标准，不放松，不放弃，坚持追求　30
第四节　不畏风险，勇于尝试，敢于失败　35
第五节　严格要求，询问本质问题　40
第六节　自问自答　44
第七节　天外有天，不断学习　47
　　　　第一章　自我训练　52

第二章 赚钱的能力
经营者是生意人

第一节　从心底希望顾客高兴　56

第二节　日复一日，完成好必做的工作　60

第三节　迅速实行　64

第四节　现场、现物、现实　68

第五节　集中解决问题　72

第六节　与矛盾做斗争　76

第七节　做好准备，执着于成果而非计划　80

第二章　自我训练　84

第三章　建设团队的能力
经营者是货真价实的领导者

第一节　建立信赖关系
　　　　既是万行之始，亦是万行之本　88
第二节　全心全意、全身心面对部下　93
第三节　共享目标，责任到人　98
第四节　交托工作并予以评价　102
第五节　提出期望，发挥部下长处　106
第六节　积极肯定多样性　110
第七节　抱持最强烈的取胜欲望，坚持自我变革　114
　　　　第三章　自我训练　118

第四章　追求理想的能力
经营者要为使命而生

第一节　身为经营者的使命感　122
第二节　不可或缺的使命感　124
第三节　迅销集团的使命感与注意事项　126
第四节　使命感赋予我们的东西　129
第五节　与使命感的绊脚石做斗争　133
第六节　面对危机时经营者的必备行为　137
第七节　以创建理想的企业为目标，不断挑战人生　139
　　　　第四章　自我训练　140
　　　　通过全书进行自我训练　142

导读　144
参考文献　152
作者简介　154

本书的使用方法

"由自己完成的笔记本。"
这是本书的编写宗旨。
这个笔记本记述了未来将要成为经营者的人必知的诸多事项。
然而最终完成本书的人是读者，也就是您自己。

对商务人士而言，所谓学习，只有学以致用才有意义。单纯地增加知识量的学习方式只是一种徒劳。
为了真正掌握知识，使之成为自己身体的一部分，**看书时必须与书本进行对话**。
阅读时，须结合内容不断询问自己，"如果是我会怎么考虑""我所在的团队符合哪种情况"，并将所思所想都记录在笔记本上。
为方便您记录与本书的对话，页边留有大量余白。
请尽情勾画、尽情书写。
经营者之路没有终点。因此，这个笔记本不会有真正意义上的完结。经过反复实践，不断积累经验，即使是相同的内容，也会获得新的启示。届时请您再在这里写下新的感受。
请完成这本举世无双、专属于您的《经营者养成笔记》。

衷心祝愿您以此为契机，超越柳井正。

序章

经营者的含义

第一节　**经营者的含义**
第二节　**经营者必须具备的四种能力**
第三节　**为什么必须培养经营者**

第一节
经营者的含义

所谓经营者，一言以蔽之，就是"取得成果的人"。
这是我对经营者的定义。经营者需要"取得成果"，并为此而努力。
所谓成果，即"承诺的事情"。

经营者必须对顾客、社会、股市以及员工做出"企业将向这个方向发展""我要这样做""我要做什么"等承诺，并努力去兑现自己的承诺。这就是所谓的"取得成果"。

因此，这不单单指业绩上的某项数值。所谓"成果"，不仅包括"业绩上的数值"，还包含"其他的成果"。

例如，"在保持年增长率20％的同时，持续达成20％的经常利润率"是对业绩数值的承诺，而"培养200名能够活跃于世界各地的经营人才"则不属于业绩，而是定量性质的承诺。此外，"在上海、新加坡、纽约、巴黎建立营销网点"以及"创造前所未有崭新价值的服装"则是定性性质的承诺。

作为经营者，一旦做出这样的承诺，就一定要兑现，要想方设法使之变成现实。这就是经营者的责任。

只有兑现承诺、取得成果，才能赢得顾客、社会、股市以及员工的信任，公司才能生存和发展。

另外，**在考虑如何兑现承诺并取得成果时，最重要的是要思考自己在社会中存在的意义，即自己的使命是什么。**

也就是要好好思考我们最初成立公司的目的是什么。

公司只有对社会做出贡献才可以继续存在。因此，我们必须好好思考我们可以通过哪些事来为社会贡献自己的一份力量。

迅销集团的使命感可归纳为：改变服装，改变常识，改变世界。

这个使命感没有终点，也永远无法到达终点，但是我们必须向着终点不断前进。这才是正确的企业姿态，也是经营者应该采取的正确行动。

对目标的追求是没有终点的，但是我们可以最大限度地接近目标，为此，我们应该制定五年目标、明年的目标和今年的目标。并计划好为达成目标，现在应该做什么，今年内应该完成什么。对下个月、下周、今天要做的事做出承诺，并努力兑现自己的承诺。

这就是本书所说的成果，我们所承诺的成果，必须是能够使我们逐步完成自己使命的。

必须将公司的使命和成果相结合，这才是经营的原则。

毋庸置疑，对于一家公司来说，赚钱是很重要的。经营者既不是慈善家，也不是评论家。既然是做生意，如果赚不到钱，就不能算是一个合格的经营者。关于这一点，在本书的第二章"赚钱的能力：经营者是生意人"中将进行详细的阐述。

需要说明的是，我绝不是在说"只要能赚钱就行"，希望大家一定要正确理解我所说的意思，千万不要产生误解。

"赚钱很重要"和"只要能赚钱就行"是完全不同的两个概念。

"只要能赚钱就行"这种意识将会衍生出"什么手段都行"的想法和"只求结果没问题就行"的想法。

靠这种方式赚钱的人并不能被称为"经营者"。说得严重点儿，这样的人只能被称为"无良商人"。

对于经营者来说，"正确的赚钱方法"应该是"在兑现承诺、取得成果的基础上赚钱"。

作为一个经营者，如果未能兑现自己的承诺，而只是赚到了钱，就必须意识到自己的工作没做好，必须意识到如果没能尽到该尽的义务，即使赚了钱，也毫无意义。一个公司如果只求结果没问题就行，这家公司就不可能长久维持下去。

例如，我们承诺"创造前所未有崭新价值的服装"，但是却未能在当季推出任何这类商品，未能兑现承诺。在这种情况下，我们的营业额如果还是上去了，这也许仅能归功于气候因素的影响。

气候因素是我们无法掌控的，如果我们只追求结果而不顾问题，就会变得连沾了天气的光都会沾沾自喜。那样的话，我们距离被顾客抛弃的那一天也就不远了。

企业如果不采用正当的方式来赚钱，那么这家企业将无法长久持续下去。所以，我希望大家明白，只关注眼前是否能盈利可不是一个优秀的经营者应有的姿态。

松下电器的创始人松下幸之助先生将自己企业的使命比喻为"自来水哲学"，即"以自来水般的低廉价格（一般顾客可以承受的价格）向顾客提供大量优质商品，使人们获得幸福"。松下幸之助先生通过努力实现了"自来水哲学"，并最终使松下电器获得了长足发展。

本田技研工业株式会社的创始人本田宗一郎先生曾宣布要使本田公司"成为世界第一的两轮车生产商"以及"参加一级方程式锦标赛（F1）并获胜"，他实现了这个承诺，并把原本只是作坊型企业的本田公司建设成了世界知名企业。

作为经营者，他们为什么一直都受到人们的尊敬呢？

归根结底，是因为他们抱持使命感，并且每时每刻都在为实现该使命而努力，他们努力向上，他们做出承诺并以工作上的成果兑现自己的承诺。通过兑现承诺把公司建成了对社会做出贡献的企业。

我认为正确的经营者姿态，或者说经营者应该发挥的作用，就应该是他们这样的。

我希望立志在将来成为经营者的人，首先要好好领会并理解这一点。

第二节
经营者必须具备的四种能力

经营即"行动"

经营者如果仅仅停留在考虑、研究，或是仅把自己的思考与研究作为一种知识来了解，是无法取得成果的。

只有将自己考虑、研究的东西，以及学到的知识付诸实施，才有可能取得成果。

那么，作为一个经营者，应该具备怎样的精神准备和习惯，注重掌握怎样的行动原理并付诸行动，才能获得成果呢？

这本《经营者养成笔记》将一一为您阐述上述问题。

我认为经营者要想实现社会所期待的成果，必须具备四种能力。

第一种必备的能力是"变革的能力"

从某种意义上来说，市场是残酷无情的。

如果产品不具备顾客所需要的附加价值，那它就根本卖不出去。

而且，现在是市场需求变化迅速、市场竞争非常激烈的时代。

顾客对企业的新鲜感、被企业所吸引的时间越来越短，而对企业的要求却在不断提高。

而且，在当今纷繁变化的世界中，顾客的期望也瞬息万变。

不进行变革就是死路一条。

没有变革能力的企业已经无法"创造顾客"了。

第二种必备的能力是"赚钱的能力"

这就是将变革转化成金钱的能力。是否赚钱，既反映了是否获得顾客的支持，也是衡量一个人经营是否妥善的指标。

要是不能真正赚到钱，那么谁都不会幸福。最终经营也将无法维持下去。

第三种必备的能力是"建设团队的能力"
工作都是通过团队协作来完成的。因为一个人能做的事毕竟是很有限的。
作为一个经营者，无论他有多么好的变革想法，也无论他多么深谙赚钱的方法，如果不具备团队建设的能力，同样不可能取得大的成果。

第四种必备的能力是"追求理想的能力"
企业的最终目的是实现自我存在的意义，即实现使命。变革、赚钱、建设团队等都是为实现使命而采取的手段。
企业通过实现使命，为社会做出贡献才有存在的价值。
为此，我们要树立远大的理想，设定并明确为实现理想而应做的工作，并不断通过努力完成这些工作。只有具备了这种追求理想的能力，我们才能一步一步地实现自己的使命。
如果将这些能力看作经营者的一种身份，那么也可以说，经营者必须具备以下四种身份。

"变革的能力"——创新者
"赚钱的能力"——生意人
"建设团队的能力"——领导者
"追求理想的能力"——为使命而生的人

这本笔记分别就这四种能力，从七个角度出发来讲述要成为经营者所必须注重的要素。
希望大家能着眼于自身的问题、自身的情况，边思考边阅读，不断写下必要的事项，最终完成这本为自己量身定做的《经营者养成笔记》。

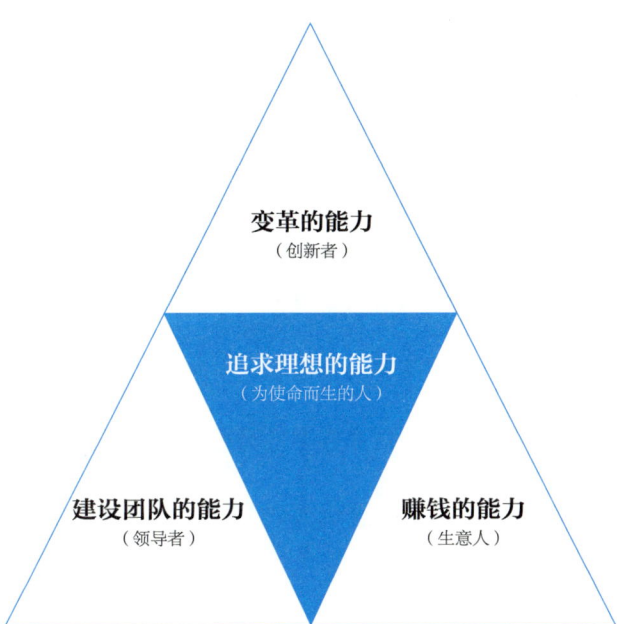

第三节
为什么必须培养经营者

迅销集团以优衣库为龙头,在全球展开集团事业。

我们的目标是要成为**"革新型的全球企业、世界第一的服饰制造零售集团"**。

要想实现这一目标,就需要各个企业、各个地区都有能够担当大任的经营者。不能一味地从日本派管理者对各国事业的开展情况进行监督,我们需要的是**能在各个企业、各个地区独立自主地开展经营活动的经营者**。

如果达不到这样的集团经营状态,"成为革新型的全球企业"就将是一句空话。

"成为世界第一的服饰制造零售集团"这一目标也终将落空。

毋庸置疑,在选拔经营者时,看的是这个人是否优秀,而不是国籍。只要足够优秀,世界上任何国家的人都有资格担任经营者,这个机会是面向全世界的。

从今后事业的发展前景来看,我们至少需要 200 名这样的经营人才。

而且,对这类经营人才的需求并非是遥远将来的事,我们必须尽快培养出这么多的经营者。

相反,如果我们培养不出这么多的经营者,我们就无法成为"革新型的全球企业",也无法成为"世界第一的服饰制造零售集团"。

对于那些立志于成为经营者并为此而努力学习的人,我希望你们首先要认识到,做一名经营者并非易事,要做好足够的心理准备。

我绝不是在否认 MBA 学位的价值,但是获得 MBA 学位并不意味着就能马上成为经营者。

有些人把"我不但取得了 MBA 学位,而且能力也很强,只要早点儿给我权力，我一定可以取得成果"挂在嘴上，但恰恰是这些人容易失败。

把顾客想得过于简单、指挥不动员工、对不上账等都是经常发生在这类人身上的问题。

他们总是计划得很好，而一旦付诸行动却会出现很多问题。

经营是要落实在行动上的，因此，要想成为一名经营者，还是需要亲身体验各种工作，并不断对如何才能经营好，如何才能调动员工的积极性等问题进行认真思考。只有在工作中经受锻炼，不断磨炼自己，才能成为一名优秀的经营者。在过去很长一段时间内迅销集团都只经营优衣库这个品牌，并在日本国内获得巨大成功，成长为业界屈指可数的大公司。最近迅销集团开始拓展海外业务以及优衣库品牌以外的其他事业。即便如此，我还是觉得我们所生活的世界是很小的。

的确，在休闲服业务方面我们或许比任何人都更精通。但是，对于世上的其他事，以及未来这个社会将发生什么等我们却并没有多少了解。**从某种意义上来说，我们的视野很有可能因我们只关注自己的事业而变得狭窄了。**

而且我们已经成长为大型企业，收获了成功，遗憾的是我们也因此而在任何场合都位于强者的立场。

也许有人会说："这多好啊，为什么感觉遗憾呢？"

其实，所谓强者就是，例如，由于我们是对方的头号客户，所以对方往往会什么都听我们的。虽然有时也会进行谈判，但基本上很多时候都是我们处于优势地位。

这样的强者理论，同样会表现在处理和部下的关系以及资金的使用等方面。

例如，我们会认为只要下达指示，部下就会老老实实地按照我们的要求去做。

在经费支出方面，我们的管理也容易变得松懈，不去认真考虑"这项经费是否真的应该支出？"

成为大企业固然很好，但在成为大企业后，我们在和客户打交

道，在和部下相处，以及在使用资金等方面，都难免会表现出大企业员工的作风。

凡是从大企业跳槽到迅销集团后止步不前、无法做出成果、得不到部下支持的人，大都是因为已习惯了大企业的做事方式，而且无法改变自己工作方式的人。

因此，从培育经营者的角度考虑，总是处于强者地位的大企业，如不加以注意，其实并非是一个培育优秀经营者的良好环境。

如果身在一家两耳不闻窗外事的业界巨头公司，工作中以大企业的强者理论来行事，又总是摆出一副"我们是经营者"的架势，这样的人在社会上恐怕是行不通的。

这样的人在公司的组织架构和公司牌子的保护下，或许能够取得一些成果。但是如果抛开这些，以**"作为一个经营者是否能够立足于世界？"**的标准来衡量的话，我认为，在我们公司符合这个标准的经营者，无论是在数量上还是在质量上都还远远不够。

我们的目标是要"创建革新型的全球企业，成为世界第一的服饰制造零售集团"。为此，正如上面所讲到的，从日本派管理者进行监督的做法并不适用于我们，"将经营管理委任给那些可在各自所在企业、所在地区独立自主地开展经营活动的经营者"才是我们应该采用的做法。

所以，我们要培养的不是延续大企业管理理念的人，而是"放之四海皆可用的经营者"。

为此，我希望这些人能够在尽可能短的时间内掌握"经营者的工作方法并做好心理准备"。

这本笔记记录的是我在经营实践中获得的一些感悟。这是我在经历失败，交了大量学费之后才感悟到的，这里所记录的都是一些我认为非常重要的思考方式和工作方法，并且经过实践的检验，我对这些想法变得更加确信。

我在25岁时继承了父亲经营的小郡商事，35岁时创建了优衣库一号店，并在42岁时将其发展为迅销集团。

在上学时我是一个懒惰的人，也曾经是一个失败的经营者，在刚从父亲那里接手公司时，我甚至让公司经历了除一名职员外，其他员工都辞职的窘境。

但是，从失败中我不断地思考经营的原理原则，并反复进行实践，通过不断地学习和实践终于走到了今天。

现在，在迅销集团阅读这本书的人，都是比我优秀得多的人。我想，如果大家能尽早学习经营的原理原则，并通过实践掌握其精髓的话，那么大家不仅能比我更快地成为经营者，而且还可以以这本笔记为基础，在今后获得更大的成就。

因为我本人经历了多次失败，所以如果有可能的话，我希望当大家成为一名经营者时不要再经历失败。

为此，我希望大家能够事先了解经营的原理原则，这样在大家成为一名经营者时就可以不经历失败，不冒不必要的风险。

这本《经营者养成笔记》正是基于这样的想法总结而成的。

我希望大家**不要满足于做一名"还算凑合的经营者"，而要成为"对社会做出巨大贡献，努力让社会变得更美好的经营者"**，带着这样的愿望，我写成了这本笔记。

第一章
变革的能力
经营者是创新者

第一节　抱持高远的目标
第二节　质疑常识，不受常识束缚
第三节　树立高标准，不放松，不放弃，坚持追求
第四节　不畏风险，勇于尝试，敢于失败
第五节　严格要求，询问本质问题
第六节　自问自答
第七节　天外有天，不断学习

第一节
抱持高远的目标

要抱持别人认为不可能实现的目标

要想进行革新，经营者就必须进行实践。第一步就是要"抱持高远的目标"。

大家在工作中是否做到了"抱持高远的目标"？

稍一努力便可达成的目标不能被称为"高远的目标"。

在组织中进行革新所必需的高远目标是指"用常识所无法想象"的目标。

例如，在迅销的营业额还只有80亿日元左右时，我们就已经确立了"赶超GAP，成为世界第一的服饰制造零售集团"的目标。当我在国外的会议上提出这个目标时，周围的人都在窃笑。由于目标过高，所以大家谁都没觉得我是认真说出来的。

虽然目前这个目标还没有实现，但是我想正是因为我们认真地提出了这一目标并不断为之努力，才有了以往的无数革新，才使迅销走到了今天。

那么，迅销都进行了哪些革新呢？

摇粒绒和HEATTECH等商品是大家能够马上就想到的迅销革新之一。但是，迅销的革新还不止这些。

企业在郊外开店取得成功后再到城市中心开店并展开经营，这在现在看来是理所当然的事。但是，这种在今天看来理所当然的经营模式，在日本是由迅销首开先河的。

当我们决定在原宿、新宿等地开店时，社会上普遍认为"那样做一定会失败""郊外型店铺在东京都中心是不可能生存下去的"。但是，既然我们已经确立了成为世界第一服饰制造零售集团的目标，这样的挑战就无法避免。于是我们摸着石头过河，反复尝试，不断实践。

在全体员工的努力下，这一经营模式终于取得了成功。在那之后，不仅是服饰业，电器商城等其他郊外型店铺也相继采用这种经营方式进驻城市中心。现在人们对这种经营方式已经习以为常了。

迅销的另外一个革新就是让人们在通过检票口后不出车站就可以买到衣服。我们可以骄傲地说，在日本这种销售方式的变革也是由迅销集团引领开创的。

为什么这些革新都能获得成功呢？这是由于我们树立了高远的目标。一旦树立了被大家视为不现实的高远目标，为了实现它，就不得不进行各种各样的变革。这也使我们意识到"仅仅延续现有做法是无法实现如此高远的目标的"。

逼自己去面对"依靠延续现有做法所无法实现的目标"

回顾迅销的历史大家不难发现，在公司需要大胆飞跃的时期，迅销总是为自己制定销售额达到当时 3～5 倍的长期目标。

在销售额是 100 亿日元时，我们制定了 300 亿日元的目标；在销售额达到 300 亿日元时，我们制定了 1000 亿日元的目标；在销售额是 1000 亿日元时，我们制定了 3000 亿日元的目标；在销售额达到 3000 亿日元时，我们的目标就是 1 万亿日元。目前，我们的目标是销售额达到 5 万亿日元。

这样做有什么意义呢？那就是使我们从"延续现有做法"这个思维定式的桎梏中解放出来。例如，当销售额是 1000 亿日元的时候，如果我们制定的目标仅是当时销售额的 1.1 倍或 1.2 倍，那么要实现这样的目标我们只须延续销售额为 1000 亿日元时的创意和举措即可。但是，那样的创意和举措恐怕其他公司也想得到，做得到。这样一来，就会与其他公司陷入同样的竞争，最终将导致风险增大，甚至连销售额增至 1.1 倍、1.2 倍的目标也难以实现。

但如果我们把目标定为销售额提高到 3 倍，即 3000 亿日元，会出现什么结果呢？很显然，我们必须转换思维方式。比如，那会让我们意识到，如果我们的品牌只有少数人知道，而不是全日本人都熟知的话，我们就将无法实现这个目标。由此我们还会进一步想到："无论我们在郊外开设多少家店铺都无济于事。所以我们必须在日本服饰流行的最前沿——东京原宿这样的地方大获成功。"

可能还会让我们想到："店内光陈列进口商品是不行的。因为那是别的公司也能做到的""我们必须创立自己的品牌，所有商品必须都是自己公司的产品，而且，由于日本顾客非常注重商品的质量，我们的商品还必须达到能够让所有日本顾客满意的高标准""这就要求我们在中国的合作工厂的生产水平必须达到世界最高水准。这一目标，如果仅凭我们的员工从日本本部向在中国的工厂下达指令是不可能实现的。还须聘请在日本纤维业界工作过并拥有高超技术的人作为'技术顾问'亲临现场指导。迅销必须与中国的合作工厂构筑真正的合作伙伴关系，互相配合，共同致力于技术的提高"。确立高远的目标后，以上的这些想法自然就会被激发出来。

接下来就是将我们脑海里所描绘的东西付诸实践。寻找可行的方法，并不断努力直至成功。在这一过程中就会产生革新，而这样的革新又会创造顾客，帮助我们实现自己树立的高远目标。

下面我们就以商品为例来说明这个原理。

一旦我们制定了"这件商品要卖出 1000 万件"的目标，为了达成这个目标，自然就要进行各种各样的革新。

在摇粒绒的销量达到 100 万件时我们并没有因此满足，而是设定了 600 万件、1200 万件的更高销售目标。结果，我们的销量先是达到了 850 万件，进而又达到了 2600 万件。

最终，不光是生产技术，甚至在单品销售广告及销售方式等方面都引发了革新。例如，现在的优衣库广告大多都受到顾客的好评，这也是我们先确立了高远目标的结果，因为为了实现目标，我们就必须认真思考如何才能更好地向顾客宣传迅销的商品。

这些革新的成果成为企业的秘诀，而且，这些秘诀又将被应用到其他商品的销售上。革新的成果就这样不断发挥着作用。

这一革新原理适用于任何部门，任何工作。

作为经营者，使我深受影响的一本书是由哈罗德·悉尼·吉

·经营者小笔记·
50多位经营者的阅读感悟

以下企业排名不分先后

经营者为使命而生,对真正优秀的企业来说,其使命感超越单纯的经济目的而存在。

在柳井正先生的笔下,经营者是超越于企业家之上的另一种表现形式,经营公司、经营自己、经营员工、经营使命,经营一切值得经营者,追逐一切创新变革者,严谨、务实。

富有生命力和匠心是我对这本书的评价。笔记,及时而著、有感而发,柳井正先生在编写此书时亦希望通过字里行间与阅读者对话。每一个经营者或立志成为经营者的人,都有自己的人生阅历和独特视角,充分的自由和挥洒的空间让每一本《经营者养成笔记》都独一无二。

杭州娃哈哈集团有限公司董事长兼总经理　宗庆后

这是一本奇书！柳井正先生巧妙地将经营原理藏在案例中，透露出深刻的管理哲学。

佛教讲究"悟"，现代培训理论也强调经历与体验。只靠文字传递知识和经验，或从文字上去理解书本，都无法获得真知，也无法对自己的工作发挥指导作用。本书版式极为新颖，作者将其写成笔记的形式，谆谆之语，循循善诱，原文只占每页一半的篇幅，留下更多空白让读者写下自己的思考，引导读者对自己的经营理念与行为进行反思和重构。

可以说，这是一本由读者自己完成的书，是一本充满智慧的实战教材！相信无论是初始创业者，还是久居管理岗位的经营者，读完这本"圣经"都会获益匪浅。

蓝月亮国际集团有限公司总裁　罗秋平

我一直认为《孙子兵法》里的五字真言"道、天、地、将、法"，是可以翻译到商场中的，分别是：如何赢得客户人心，把握企业崛起时间窗口，有效控制销售渠道，成功构建团队组织，高效率运营能力。而这本《经营者养成笔记》主要探讨的是"道、将、法"，而且是从人的层面探讨这些公司的核心问题；更难得的是，这是一位全世界一流企业的创业者写给普通员工的书，在作者柳井正先生看来，成为经营者的知识并不仅仅关乎管理者，还关乎每个普通员工。只有以经营者的目标要求自己，企业才能真正快速地成长，实现员工与组织的共赢。

分众传媒创始人　江南春

这本《经营者养成笔记》深入浅出地教会了职场新人企业和平台的真正意义；自己如何在借助企业和平台成长，成为不可或缺且能独当一面的经营者。

独特的笔记型排版，更是一改单向型的阅读形式，每一位读者的读书笔记，才是本书的完成态。

向每位职场新人推荐本书，希望各位都能书写出各自的经营者宝典。

马自达（中国）销售市场部部长　鹿达

收到样书的时候，我便爱不释手，从来没有一本书，把文章上下左右全部留白，以便让读者可以边阅读边联想自己的工作，好在上面做笔记，这也许就是柳井正先生学以致用最直接的表现。

看完第一章，我便决定，思凯乐的经营者人手一册。作为一个时尚户外品牌的创始人和实际经营者，我深切地知道，没有什么比教会所有的同事都能用经营者的心态和状态来工作更重要！

这是一本理念结合实际操作的书，以柳井正先生的惯用风格，文字通俗易懂，表达很平实真切，全文短句，没有过多的修饰手法，但每一句看似简单又深含道理，字里行间除了告诉我们应该怎么做，就是更大的鼓励和激励，类似"如果真想为失败负责，就应该拿出不达目的誓不罢休的劲头，不断摸索尝试"这样的让每一个经营者都点头称道的金句比比皆是。

在每一章后面都有自我训练的部分，我想，这绝对是体现真想用心学习的读者与囫囵吞枣的读者最大区别的最佳途径，柳井正先生用心良苦，为此，我先汗颜一下，但等思凯乐全员拿到书的时候，我一定会带领大家完成这个训练。

一个企业就是一所大学，柳井正先生的经营理念不仅培养了他的几十万员工，也让优衣库成为日本快时尚第一品牌，并迅速在全球发展。对其他经营者来讲，这是一本非常好的经营和管理教材，这本书除了教会大家怎样做好经营之外，也让我思考，作为一个创业15年、8万元起家摸爬滚打过来的创业者，我们是否也应该为这个时代为前赴后继的创业新贵们留下一点什么？是不是应该主动为创业大军贡献一点经验？但如果真这样做的话，我们的经营理念和经验总结是否经得起考验，又是否值得借鉴？思考完这些问题，我认为第一步还是要以经营者的姿态，兢兢业业地把企业经营好。希望以后可以！柳井正先生是榜样！

思凯乐户外创始人　曾花

在柳井正先生的经营理念中,他着重强调以顾客为中心,制造让客户惊喜的产品,打造超出顾客想象的体验,提供让顾客难以忘怀的服务。品质、速度、执行力、使命感……这些关键词都是值得每一个经营者去深度思考和仔细琢磨的。

这本《经营者养成笔记》并不是一本教科书,而是柳井正先生从数十年的经营经验中提炼出最核心的理念与经营者之间进行的心与心的对话。对话的角度极其巧妙。

柳井正先生的经营理念值得这个行业里的每一个经营者去探索和思考,我相信读完柳井正先生的这本《经营者养成笔记》,你会有新的感悟。

依文集团董事长　夏华

优衣库所属的迅销集团的掌门人柳井正先生,其商业理念,也和他的服装品牌非常像,平实朴素甚至单调,但是又那么坚实和有力。

柳井正先生的《经营者养成笔记》,也正是这样一本书。或者与其称之为书,更毋宁称之为一本训练手册或者培训笔记。因为它没有华丽辞藻,也非常简洁,通篇基本上都是短句、口头语、实在话,结构上又是极为清晰。

柳井正先生写这本书的目的,也就是希望为未来培养大量的"经营者",而这些"经营者"所需要的能力,他认为自己创建迅销集团的全过程中积累和凝练出来的这些简单有效的指引手册,都已清晰写明,只要精心以待,审慎思考,认真消化,积极实践,就可以做到。因此,这不是一本拿来消磨时光的书,而是一本实实在在的工具书。

凤凰金融高级副总裁　周浩

精读《经营者养成笔记》一书,感悟良多:一是经营者要保持长期持续的自谦自省;二是要往上一级看问题;三是要警惕虚荣心;四是控制情绪。

伴随着中国的商业文明进步,需要进无止境的卓越经营者,也必定会出现更多的卓越经营者。以柳井正大师为卓越经营者榜样，持续一生，持续改善，是为自勉。

重庆江小白酒业有限公司董事长　陶石泉

我想不对柳井正先生加以过多赞誉和赘述，而是从这本新书入手，首先我拜读了柳井正先生《经营者养成笔记》这本新书，我更想说的是，不好意思！我提前受益了！

柳井正先生把这本书变成了一个笔记本，你可以在阅读这本书时边汲取知识，边与自己对话，与自己的企业对话。

无论是读书还是写笔记，这本书都是一本在你作为经营者的道路上必不可少的工具书，互勉！

饭爷品牌创始人、董事长　林依轮

经营者取得成功是艰难的，既需要皓首穷经的耐心，也需要光彩夺目的天分，有时甚至是灵光一现的机遇。但更艰难的，是对信仰的不断坚持，是对理想的无尽渴望并脚踏实地、义无反顾，正如柳井正先生文末所提到的：所谓真正的成功者，并非只是那些商界或体育界的精英，而是指那些将自己的事业视为生命，并为之奋斗的人。

请正视自己，不断挑战人生！

联想集团全球供应链首席转型官　徐赫

柳井正先生是一位成功的创业者、卓有成效的管理大师，更是一位善于培养人才的导师。他为每个职场人设定了成为"经营者"的目标，并制定了"经营者"的标准。学习这些标准，能让职场新人通过积累成为独当一面的业务骨干与中层管理者。在一家大型公司里的年轻人容易迷失自己，柳井正先生通过《经营者养成笔记》教会了职场人企业的真正意义；员工如何在企业内成长，并成为有价值而不可或缺的经营者。向每位新入职者推荐本书。

韩都衣舍创始人　赵迎光

这是一本充满"优衣库"风格的书：简洁、实用，又充满价值含量。真正的大家就是能用最平实的语言来讲解最复杂的道理。真正提高经营管理的能力，不是仅靠阅读就能完成的，要想领悟经营管理的道与术，更要学以致用。在娓娓道来中，柳井正先生以经营者的视角，不断激发读者与现实对话，与自己对话。独特的笔记本式装帧设计、读后自我训练的表格，让这本书从单向的阅读读本变成了每一位读者与柳井正先生共同完成的笔记。

阿里巴巴文化娱乐集团副总裁　周晓鹏

优衣库为什么风靡世界，柳井正为何被誉为日本新一代"经营之神"？原因很简单，他是为使命而生的人，改变服装，改变常识，改变世界。其"Made for All"的经营理念，与融360所理解和大力提倡的普惠金融和"让金融更简单"的理念十分吻合，将眼光对准普通老百姓，把物美价廉做到极致，让老百姓生活得更体面，获得更多的幸福感。

融360/简普科技（NYSE：JT）联合创始人兼CEO　叶大清

企业运转需要规则，而经营者本身就是一系列规则的不规则组合。这本书不仅阐述了经营的方法论，更有价值观高度的原则层的总结，配合独特的笔记和练习，对提升经营思考力大有裨益。

喜马拉雅FM副总裁　张永昶

这不只是一本写给管理者的书，这是一本写给经营者的书。企业最高决策者并不能独自完成所有目标，而要仰赖整个团队的共同努力。唯有从管理层到普通员工都持有一致的愿景和价值观，都能用经营者的思维思考和实践，这样的企业才能长续经营。

柳井正先生在书中娓娓道来，引导经营者回归生意的本质。其中树立高远目标、用户第一、敢于变革等诸多观念和亚朵不谋而合。我们的团队也要吸取前辈的营养，为下一次突破积蓄力量。

亚朵创始人&CEO　王海军（耶律胤）

一口气读完，满心的收获和动力。柳井正先生用最简明的语言，述说了经营最本质的道理。这些道理既有关于树立辽远的理想，更扎根于日常的实操与习惯；他让你鼓起勇气去思考，咬紧牙关去实践，用敏锐的心灵去凝聚员工与客户。这绝不是一本空洞的凑篇幅的教科书，这是一位成功的经营者的自我反思，是他想分享给我们的非常真诚的文章。

罗莱家纺品牌总经理　王晨

《经营者养成笔记》一书以经营者是"为使命而生的人"为目标，以经营者为主线，阐述了经营者要具备的三种角色：创新者、生意人、领导者，每一种角色都提出令人耳目一新、非常有见解的思想，以及具体的实践做法，读后受益匪浅，对提高企业中高层管理者的经营能力有很大帮助，并且此书设计新颖，阅读时可以随时在空白处写下自己的感受和启发。

今麦郎面品有限公司企业文化部总监　彭建华

众所周知，优衣库是穿着类零售业的佼佼者。优衣库的成功，一方面来自战略和商品定位；另一方面来自组织的强大执行力。而强大执行力又来自"一切以顾客为中心"的价值观、文化和团队的经营管理能力。

《经营者养成笔记》是优衣库创始人柳井正先生，为快速培养公司内部经营管理者，亲自总结归纳出来的培训纲要和内容，具体罗列了经营者必备的四种能力，明确而有力：

- 变革的能力
- 获利的能力
- 建设团队的能力
- 追求理想的能力

优衣库快速培养经营管理者的成功经历，验证了只要围绕以上四种能力来学习、经历、思考，一个组织的管理者经营水平就会大幅提高，为实现组织的战略、目标提供有力保障。

本书内容清晰明了而有力，其笔记体的形式，更易于读者学习、理解，更易于自我跟进追踪自己的改进计划。

本书是本少有的内容有益、实操性强的管理书籍。

热风投资有限公司董事长　陈鑫

一个企业的成功，是由每个员工累积起来的。同一个人、同样的工作时间，他用心和不用心，产出便有天壤之别。统一人的立场很难，但统一人的目标就相对容易。只有他把自己当成自己的经营者，他个人的经营目标和企业的经营目标是一致的时候，才会累积公司的成功。

拉勾网创始人　许单单

学习经营、学习管理，我永远是初学者，读完这本书能少走很多弯路，这是一本教材、一套工具、一种方法，是写给自己的日记。

新浪新闻资讯运营总监　杨焱鑫

如柯林伍德所说，一切历史都是思想史。柳井正并非是一直正确的企业家，但他的成功之道在于有创想的"思想价值"。在任何历史时期，这种"思想价值"都有借鉴意义。这本《经营者养成笔记》给我了很多启迪。

凤凰网文化中心资深品牌策划经理　宋观

这本书，能够让创业者弄清楚公司的本质和使命，认识到公司指数级跳跃发展和远大目标的意义，更能掌握定目标、定战略和搭班子的实操方法，让大公司的管理者实现从管理者到经营者的飞跃，是一本值得中国所有管理者摆在案头，仔细研读的经营"圣经"。

人人视频首席运营官　卢旭宁

职场是我们大多数人通向财务自由的必经之路，也是中产获取财富的一个主要来源。优衣库总裁柳井正先生的新书《经营者养成笔记》是一本教会我们如何做好职场投资的职场账户"理财账"。这本书让你跳出员工思维模式，将自己视为一个经营者，以经营者的身份实现职场的提升，获取更高的位置与更多的资源。

7分钟理财创始人兼CEO　罗元裳

在一个轻阅读，重体验的时代，这本用来"写"的书确实是一股清流。以往大家认为管理与经营，是一门复杂而精深的学科，是属于大师与高高在上的高管的。但优衣库的柳井正先生却通过自己身体力行，把"经营"这个概念下放到了每个普通的工作者身上。比起很多企业家常用"洗脑式"的方法灌输企业文化，他更强调员工的自省与互动，以笔记的形式来与员工交流。这是在互联网传播时代，对阅读的一种很好尝试。我想只有把员工个体从螺丝钉的层面，上升到有独立自主经营意识的人层面上，才能更大地释放个体的价值，为组织带来高速增长。这样的观点竟然出自于一位传统行业的创业者，实在令人感服。

十点读书创始人　林少

经营者之所以关键，原因在于他是一家公司的灵魂人物，也是为社会创造价值、推动社会进步的创新者。但好的经营者，无不是一路摸爬滚打，才能修成正果。

这本《经营者养成笔记》，是柳井正先生验证过的成功经验，而且至今仍在迅销集团内部使用，但因打通了底层逻辑，真正做到了"术道结合"，所以对各个行业的经营者都有参考价值。薄薄一册，却字字珠玑，一小时就可观其大略，但真正参悟领会却可能要花上10年甚至更久。

对创业者、管理者来说，这本书属于必读；对普通职场人士来说道，这本书同样极有价值。无论经营公司还是经营自己的人生，你都能从这本书里得到启发。

微信公众号"书单"（ID：BookSelection）

柳井正先生以这本《经营者养成笔记》，为自己企业的职员和天下每一个追逐梦想的攀登者，提供了自我修炼、迈向辉煌的宝典、秘籍，堪称经典力作。正是本书的理念，让迅销公司虽经历多次挫折而依旧岿然傲视全球服装业，执着地探索以一己之力引领世界、改变世界。

国内著名人力资源顾问，曾任芬兰艾科泰全球人力资源副总裁和世界 500 强江森自控亚太区人力资源副总裁　梁雅杰

中国喜欢谈模式、谈战略，经营似乎层次不够高大上；但日本，经营之神应该是至高境界。作为优衣库曾经不外传的内部商业秘笈，这本笔记的确既包含了柳井正先生经营智慧的庞大构架，又充满具体实操运作的真知灼见；既是哲学思想，又有操作细则。

浙江电咖汽车科技有限公司首席营销官 CMO、原沃尔沃汽车中国销售公司执行副总裁　向东平

做一名合格的经营者，"坚守"二字至关重要，坚守理念、坚守承诺、坚守底线……坚守以客户为中心的经营理念，将客户利益放在首位，诚如柳井正先生所述，"经营的基础就是——一切以顾客为中心"，以服务好客户为出发点，围绕客户创新和发展。作为金融科技新业态企业，无论科技创新和应用如何迅速，经营自信仍然应首先来源于此。围绕客户需求，坚持创新发展，把握时代脉搏，怀揣理想与使命，才能看得更宽，行得更稳，走得更远。

光大云付互联网股份有限公司副董事长、总裁　夏令武

《经营者养成笔记》不是简单的一本书，而是作者柳井正先生跟每一位读者，跟每一位从中学习的经营者建立的"心心相印"的沟通，不需要函授，不需要网课，不需要视频，不需要互联网，就是通过洁净的纸面、平白如水的文字、浅显的道理，实现指导与实践、行动与结果的过程，实现对话的过程。

本书以笔记本的形式呈现，拥有很多留白，而这正是本书的奥妙所在。这些留白，在这本书打开着的每一秒钟，提示你一定要写下来，尽量多写，一定要写自己的事情、自己的理解、自己的行动、自己的梦想。在这些要点上的行动与梦想，无关企业成果。

这不是简简单单的一本书，是真正让我学以致用，知行合一的方法，是经营学的实践课堂。

尚和管理咨询北京公司总经理　胡光书

读过本书之后发现，我们所缺的不是创业者，也不是职业经理人，而是能独立自主地开展经营活动、兑现承诺、取得成果的经营者。本书不仅使我们明白了一个经营者应具备的思考方式和工作方法，更揭示了成功经营的原则，即怀抱为使命而经营的理想。

华商基业董事长　刘春雷

我 17 年前留学日本之时适逢岛国上下奢侈品消费蔚然成风，站在大街上放眼望去满眼皆是 LV、GUCCI、CHANEL……彼时的优衣库俨然是一个异端儿般的存在。17 年来全球范围的奢侈品行业日渐走低，时至今日服饰消费暴利时代几近终结。反观柳井正跻身日本首富，优衣库门店遍布全球，足以见得先生之远见卓识。也许有人会说微利多销是优衣库的成功之道，那就大错特错了，质优价廉才是成就辉煌的不二法门！10 年前我以 120 元人民币的价格买了一条优衣库的休闲西裤，如今仍然在穿，且毫不走形！其品牌之所以敢叫"优衣库"，个中道理颇值得学习！

脸科科技创始人兼 CEO　高天硕

《经营者养成笔记》是柳井正先生的又一力作，曾登顶日本首富的他，提出经营者的四种能力：变革的能力、赚钱的能力，建设团队的能力以及追求理想的能力。在这四种能力中，让同为创业者的我感慨万分的莫过于追求理想的能力——这正是我坚持升级赛道的原动力！通常，人们的视野很可能因只关注自己的事业而变得狭窄，在经历失败后，柳井正先生将他悟出来的思维方式以及工作方法进行分享，让每个有梦的人正视自己，不断挑战人生。

LEAD 立德领导力创始人、畅销书《人生效率手册》作者，
19 年 5 点钟早起者　　张萌

《经营者养成笔记》是给所有具有远大抱负的经营者的礼物，这里的经营者不仅是指创业者、企业家，而是指所有"想要取得成果并为之努力"的人。优衣库创始人柳井正先生在书中强调"提高顾客生活品质，给顾客带来幸福，为社会做出贡献"的理念和使命感。作为创业者和企业管理者，我非常认同也深有体会，为客户创造价值才是企业存在和发展的理由，经营者只有牢记贡献社会、造福大众的使命，才能受人尊敬，企业也才能成为真正优秀的企业。

职前教育机构职业蛙创始人、董事长兼 CEO　　卢明霞

这本书一扫我们对于日本式管理就是精益管理的刻板印象，书中尤其强调经营者的变革能力，其中的具体实践方法鲜活而接地气。柳井正对于经营者四种必备能力的培养，总结得深刻而有穿透力，是他作为经营大师的实践精华。本书的编排，运用边学习边写笔记的方式，让反思学习融入阅读，高效而实用。

直方大创新中心创始人　　许正

《经营者养成笔记》是优衣库创始人柳井正先生多年经营经验的总结。书中的内容也和"优衣库"三个字相互呼应："优"，设立高标准，激发团队进取心，为用户提供优质商品和服务；"衣"，依据现场、现物、现实，执行到位，成功经营是持续改进每个细节的结果；"库"，优秀人才是经营的宝库。全心全意对待部下，明确期望，用最强烈的取胜欲望带领团队取得成功。

钟阅文化（钟阅读书会）创始人　　郭成

无论技术如何进步，即便我们进入了人工智能时代，企业的管理与经营仍旧始终离不开"人"。在员工个人成长的影响因素中，企业永远是不可忽略的。而企业如何经营，也仍然离不开员工这个"人"的因素。如何管理好企业中的"人"，是所有企业所要面对的亘古不变的主题。

无论是互联网经济时代，还是人工智能时代，或是区块链时代，技术更迭发展迅速。身处发展浪潮中的人们，除了关注创新，更要关注如何经营企业。离开经营，可以说任何创新都会脱离赖以生存发展的土壤，就会失去成功的可能。即便是人类要向火星进发、特斯拉太空漂浮这样的革命性创新也同样如此。

优衣库的创始人柳井正先生的这本《经营者养成笔记》，为我们提供了一个非常全面的视野，来探讨"人"和企业的共同成长。谨以此书向所有的企业经营管理者、创业者或正在为创业做准备的人们推荐。

天马股份公关总监　姜学新

本书是迅销集团内部一直在使用的笔记，从优衣库如今的成就就能看出本书的价值。不仅是企业创始人、管理者，只要是想要取得成果并为之努力的人，都值得读一读。

MBA 智库创始人 &CEO　倪其孔

老子曰：天下难事，必作于易；天下大事，必作于细。

同样，一个经营者的养成也需要时间的打磨和方法的配合。柳井正先生伟大的成就，正是始于对意识和行动的积累，由慢到快，最后形成旋转的"飞轮"，不可小视，也不可阻挡。

本书列举各种小案例表明柳井正先生对内、对外的处事哲学，通过四个方法论指导公司管理层如何成为一个更好的经营者，例如对内如何完善公司管理经营的方法，通过对下属的关爱与照顾，提升团队凝聚力，提高公司内部的工作效率；对外站在客户角度设想产品的不足，并且完善产品；在帮助合作伙伴完成绩效的同时帮助自己的企业成长……这些小细节都于无形处帮助公司更快更好的成长。

全球创新的航空里程积分累积 APP 迈生活

看柳井正先生的经营心得,内心会产生一种惊讶与慌张。惊讶在于一个企业经营者怎么可以做到如此的思维覆盖,并在每个节点都建立可交付的方法和观点;慌张在于这本书宛如一面镜子,让我看到自身在创业过程中的缺陷,使其无所遁形。

壹心理创始人　黄伟强

在创业圈流行这么个说法,作为公司创始人,最重要的事情只有三件:定方向,找钱,招人。该描述一语道出了创业经营的精髓。有趣的是,优衣库的创始人柳井正在这本《经营者养成笔记》里,提出了经营者最重要的四种能力,分别是:变革的能力、赚钱的能力、建设团队的能力、追求理想的能力。这前三种能力,与刚才提到的"定方向,找钱,招人"不谋而合。而柳井正的犀利之处在于,他把最后一个"追求理想的能力"摆在了最核心的位置——这恰恰也是我们创业最重要的前提:没有理想和初心,任何事业都无法长久。作为日本最成功的经营者之一,柳井正倾注了大量心血,写出了一本有血有肉有灵魂的书,任何一个企业家和创业者都不应该错过。

远读重洋创始人　孙思远

这本书让我深受启发,让我明白在创业的过程中要忠于理想、面对现实,只有将公司的使命和成果相结合,才是经营的原则。向每一位希望为自己的使命而奋斗终生的人推荐这本书,柳井正先生以亲身经历告诉我们,创业者要成为合格的经营者必须具备变革的能力、赚钱的能力、建设团队的能力和追求理想的能力。他讲述其总结这些能力的过程,逻辑缜密、引人入胜。

航旅消费金融:信用飞总裁　张洁

柳井正先生用深入浅出的语言道出了优衣库成功的秘密。为所有致力于成为经营者的人，提供了宝贵的、细致入微的实践理论和深刻感悟。尤其是书中针对一些具体问题提出的独创性思路和破解方法，值得每一个从业者学习和思考。

「今日日本」创始人 "村长"

以优衣库品牌为代表的迅销集团是2017年度世界三大服饰零售集团之一，其创始人柳井正先生是一位有着高超经营哲学的令人尊敬的企业家。此书是柳井正先生结合亲身实践，指导广大创业者成为企业经营者的一本好书，文章朴实无华，字里行间蕴含着谆谆教导。这本书曾经一度作为迅销集团内部高干培训、学习的必用教材，相信每一个经营者都会有强烈共鸣，对于每一个正在成长为经营者的朋友们来说，这就是一本训练大纲。

河南豫发集团有限公司副总经理，豫发集团
商业运营事业部总经理　王建勋

与其说这是一本经管类书籍，不如说它更像是一本适合创业者和经营者放在书桌上时时对照手册。在概念满天飞的年代，柳井正用堪称"质朴"的语言，为经营者画出了一个可以自我对照的坐标系。面对着比以往复杂数百倍的经营环境，一个人的天花板会很快暴露出来，企业负责人的资源调度能力、学习能力、应变能力、成熟度，以及胸怀，都对公司的未来起到决定性作用。这本手册，则可以在一定程度上帮助经营者回归"使命"，不断螺旋上升、突破自己的天花板。

华映资本创始管理合伙人　季薇

经营者思维，或许是这个时代最不可或缺的一种品质。我们谈论过如何从首席营销官转变为首席增长官，在某一天，我们也将谈论如何将首席执行官转变为首席经营官。如何由一个执行者升级为经营者，答案就在这本书里。

脉脉市场总监　崔少卿

在《经营者养成笔记》中，优衣库创始人柳井正提出，企业经营要具备四种能力：变革的能力、赚钱的能力、建设团队的能力、追求理想的能力。因此，企业经营者需要成为创新者、生意人、领导者和有理想的人。眼下，很多企业和经营者都不缺创新力和建设团队的能力，也不缺赚钱的本事，但是，我们普遍缺少的是追求理想的能力和定力。日本零售业的竞争环境和消费者比较成熟，有社会使命感的企业更有可持续发展的机会。中国零售业正处于新一轮的"春秋无义战"的阶段，为了社会福祉，我们需要抓紧建立公平有序的竞争规则，让有理想和道德认知的企业获得更有利的发展环境。

中国连锁经营协会会长　裴亮

管理不是玄学，不是常识，不是心灵鸡汤，而是一种实践、一项艰苦卓越的努力；必须心上学，事上练，达于道，合于一。如何理论联系实际，如何在事上练？柳井正的《经营者养成笔记》，给出了具体的指导。

对经理人员来说，经营与管理的素养，只能从日常工作的历练中获得，从持续的实践与反思中获得。柳井正的书，可以帮助每一个经理人通过实践，在点点滴滴、锲而不舍的努力中获得这种素养，成为世界级的经营管理者。

对一个企业来说，只有每一个人都能养育出这样的素质，才能构建起强大的经营管理体系，满足企业持续发展的要求。按照柳井正的话说，如果人人都能成为经营管理者，那么这个企业将是战无不胜的。

这是企业持续发展的不二门法，是唯一正确的道路。道路只有一条，舍此别无他途。考虑到未来,企业拼的不是生意经,而是管理,事情更是这样。

包子堂创始人　包政

我算是优衣库的忠实粉丝,当我第一次看到柳井正先生的这本著作时就被他的书名所吸引,作为一名教育培训学校的校长,其实我也是一名"经营者",我们以营利为目的,所以我们需要赚钱,我们也是"生意人";当学校不断发展时,其实我们需要团队的能力会更多一些,所以最主要的不是自己强,而是团队带得好,因此我们也是"领导者";教育路不是一成不变的,所以我们必须是一个"创新者";当然最主要的我们更应该是"为使命而生的人",我们需要有变革的能力,也需要有追求理想的能力。教育不是简单的产品销售,更多的是那份初心,那份执着,那份使命感!

新昌金思维教育培训学校

翻开这本《经营者养成笔记》,为笔记本型的设计点赞,一解只能勾圈而不能做笔记之苦。愿每一个读过此书的人,都如柳井正先生所期望的一样,在封面的 name 处写上自己的名字,并不断完善自己的经营理念。

此书延续了日本企业家一贯的务实风格,无论在内容上还是企业经营上都保持了以客户为本,没有繁复冗节,但始终追求卓越的经营哲学。

如今,互联网经济带来了诸多的新模式和新理念,传统零售行业,面临新的选择与转变。所谓的新零售并不神秘,无论新旧,其根源都是对客户、员工和经营者的人性剖析与满足,从而务实地去改进每一个经营管理的痛点。这点新华文轩书店和优衣库一样,当我们细分客群,以用户思维、体验升级为导向,最终用新华文轩、轩客会、文轩 BOOKS、KIDS WINSHARE、读读书吧五个书店品牌服务不同读者,让每一个热爱生活的人都可以在不同定位的书店找到合适的阅读空间。这个看似朴实的目标，却因让每一个人爱上阅读而成为我们共同奋斗的理想。

新华文轩出版传媒股份有限公司零售连锁事业部副总经理　杨柳青

大多数讲管理与经营的书，其实只适合高级管理者读。但这本书一定适合你。因为柳井正先生强调"经营者就是取得成果的人"，进而把经营分解出四种能力。

大多数读书的人，其实不具备行动的意识。但这本书写来就是为了让你用上。因为柳井正先生推崇"经营即行动"，甚至把这本书设计为笔记本的样式。

别浪费作者的苦心，请你不要只是读完、划线、摘抄，而要用"拆书法"做三类笔记：I 用自己的语言重述信息，A1 描述自己相关经验，A2 规划应用（目标与行动）。把经营的四种能力拆为己用，促成行动，取得成果，经营职场，经营自己。

拆书帮创始人、《这样读书就够了》作者　赵周

宁（Harold Sydney Geneen）著的《职业经理人笔记》(*Professional Manager Note*)。在书中，他回顾了自己作为经营者的成功经验，他这样写道：

"从终点开始吧。因为只要你设定了终点，'为了获得成功该做哪些事情'就变得一目了然了。"

的确，经营首先要从设定作为终点的目标开始，因为这样才能让你明白自己到底该做什么。目标定得越高，为实现目标而做的事也就越具革新性。

以破釜沉舟的气势树立高远目标恰如革新之母，其结果便是创造顾客。

挑战《白雪公主》带来的革新价值

大家看电视或电影时看过长篇的动画片吗？

即使现在不看，小时候也肯定看过，再或者有小孩的话孩子也一定在看吧？看长篇动画片在现在已经是人们日常生活中一件很平常的事了。

但是，这件在现在看来很平常的、常识性的事，最先是哪家公司通过努力将它变成人们今天的"常识"的，你知道吗？

这家公司就是美国的迪士尼公司。

迪士尼在1934年，设定了制作世界上首部长篇动画片这一高远目标，并发起了挑战。以当时的情况来看，与其说它是高远目标，不如说是不可能实现的目标更为恰当。

"那么长的动画片，谁会看呢？"

这就是当时世人的反应。

但是，迪士尼并没有理会外界的言论，而是开始了长篇动画片的开发、制作。

据说当时迪士尼几乎将公司的所有资本都投入到了这部动画片上。

看到这种情形，外界纷纷指责"迪士尼疯了""迪士尼要完蛋了"。

迪士尼公司却不顾人们的批评，终于在1937年完成了《白雪公主》的制作。

　　结果正如大家所知，该片取得了巨大的成功。不仅如此，在该动画片诞生80年后的今天，其DVD等仍在世界各地销售。

　　正是迪士尼在娱乐界创造了"长篇动画片这种新的商业形式"。

　　请大家试想一下，《白雪公主》为后来的迪士尼公司带来了多少顾客和利润？这部动画片的制作，又为迪士尼公司在技术、销售以及其他各方面引发了多少内部革新呢？

　　因此，我深切地感到：必须树立高远的目标，并向目标发起挑战。因为挑战目标能够引发革新，创造顾客。

第二节
质疑常识，不受常识束缚

常识妨碍公司的发展

我在前面已经说过，抱持高远的目标可以促使我们放弃延续现有做法的想法，采取具有革新意义的举措。

其实，经营者在日常工作中原本就应该对所谓的常识抱有怀疑态度，并养成不受常识束缚，独立思考的习惯。

妨碍公司成长、发展的最大敌人就是"常识"。

当我们长久处于一个行业、一家公司、一项事业之中时，不知不觉地就会把现有的状态当作"常识"。

这样的话，我们就会想当然地设定出一些条条框框，比如认定：

"摇粒绒应该由登山服和户外服厂家生产。"

"HEATTECH 这类商品应该在体育用品商店销售。"

"BRATOP（内置罩杯内衣）这类商品就是内衣"等，而这样想的结果就是压制了自己的潜力。

但是，这些条条框框是由谁来决定呢？

是否有什么国际规则规定了必须那样做不可呢？

并没有这样的规则。这些都只不过是各行业或各行业的公司自己认定的，或者是为了划分生存空间而根据自身方便与否划出的条条框框。

这种条条框框的划分，并没有考虑到顾客。

那些从顾客的角度来看并无意义的事、给顾客带来不便的事，行业里、公司里的人或是从事某项事业的人却把它称为"常识"。

这样做的结果是，很多对顾客来说很重要的事我们却没能做到。

我常说：**"行业是过去，顾客是未来，不要过分关注竞争对手，而要全心全意地以顾客为中心展开经营。"** 行业的惯例已经是过去的东西，遵循惯例的企业是没有未来的。全心全意为顾客着想的公司才会有未来。

因此，对于那些所谓的"常识"，我们必须抱着怀疑的态度重新审视，比如"从顾客的角度来看，这样做正确吗？""从顾客的角度来看，非这样不可吗？"等。

此外，当我们站在顾客立场上感到不便或是产生了"要是有这种商品就好了"的想法时，当顾客问我们"有这样的产品吗？"时，就要反思："我们是否因拘泥于公司的常识，而没能真正做到想顾客之所想呢？"

在这种情况下，如果仅以一句"对不起"或"我们店没有这种商品"来草率应对，那这家企业就不可能有未来。

7-11便利店的"夏季关东煮"和"冬季冰激凌"

因质疑常识，不受常识束缚而获得成功的著名革新案例当属7-11便利店的"夏季关东煮"和"冬季冰激凌"。

过去超市受饮食文化常识的影响，认为关东煮这种热气腾腾的东西是在寒冷冬日吃的，而冰激凌则是炎热夏季的食品。

因此，天气一变暖，就把关东煮从货架上撤下来；天气一变冷，就缩小冰激凌的柜台。

但是，7-11便利店却反其道而行之。

即使在夏季，收银台旁边的显眼位置也醒目地摆放着关东煮；即使在冬季，冰激凌也仍旧占据着店里的绝佳位置。

结果，卖得非常好。于是其他便利店也纷纷效仿。现在，在日本的便利店，这种商品设置方式已经成为一种"常识"。

7-11便利店获得成功要归功于空调的普及。由于夏天开着冷气，无论在办公室还是家中都感觉身体发冷，所以想吃热的东西。相反，冬天由于开着暖气而感觉浑身发热，所以就想吃凉的东西。正是这种生活环境的变化大大影响了商品的销售。

正因为能够从顾客的角度来质疑常识，才创造出了"夏天吃关东煮""冬天吃冰激凌"的顾客，并成功开拓了前所未有的新市场。

类似的例子还有很多，其实在人们所谓的"常识"中往往蕴藏着许多商机，希望大家能够意识到这一点。

不要被不安束缚手脚，要勇于尝试

我们所属的纤维行业是非常保守的，很多公司都拘泥于所谓的行业"常识"。一旦让"常识"支配了我们的心智，我们就会简单地认为：

"那是不可能的。那样的事我们是做不了的。"

"即使做了那件事，我们的情况也不会有好转。"

"那样的商品是不可能畅销的！"

"那样做的话结果一定会很糟糕，我们会被当作异类看待的"等。

诸如此类的先入为主的想法，使我们甚至丧失了行动的勇气。

对于这类情况，我想说的是"连试都没试，怎么能就妄下结论"。

经营者应该带着"危机感"进行经营，而不是在"不安"的情绪下进行经营。因受常识束缚而产生的上述想法其实只是"不安"。"不安"是一种很不切实的情绪，大多没有确切的证据，也无法确定是否会发生。而且，它是我们自己无法控制的一种心理状态。

所以，当你感觉不安时，请你尝试将让自己感到不安的事情具体写出来，并弄清真实情况。这样你就会发现，**为那些事而烦恼是没有任何意义的**，而且那些不安其实并非什么大不了的事。

为一些再怎么发愁都得不出结论的事情，或者为自己无法掌控的事情而烦恼，只不过是浪费时间而已。有些人总是为那种不安而前思后想，还误以为自己是一个考虑周全的经营者，但这其实并不是在深思熟虑地工作。

重要的是要勇于尝试。

尝试之后，如果发现心中的不安不幸变成现实，该怎么办呢？例如，如果商品果真不畅销，该怎么办？这时，要做的事情其实只有一件，那就是筹划各种能够让商品畅销的方法并付诸实践。如果还是不行就绞尽脑汁思考下一个对策。如果能像这样采取一个又一个的具体行动，你就不会有闲工夫感到不安了。

第三节
树立高标准，不放松，不放弃，坚持追求

要在工作上树立高标准

经营者要想获得成功，很重要的一点是要具备**"质量意识"**。

这就是要对自己从事的工作怀有质量意识，即对"商品质量""服务质量"以及"所有输出端的质量"等都要树立高标准，这才是经营。

质量的标准是以"是否真正有益于顾客"来界定的。我希望我们组织机制中**所有工作的标准都依此制定**，并希望大家能够**坚持不懈地追求质量标准，绝不妥协**。

也就是说，希望大家能够以此标准来要求自己每次、每天的工作，为取得成果而努力，并且不断提高标准，每星期、每个月、每年，都以更高的标准来要求自己。

经营者要想实现高远的目标，在这一点上就绝不能妥协。

顾客是很挑剔的

为什么我们要注重质量的标准呢？

这是因为"顾客是很挑剔的"。

我们试着换位思考一下，就能马上明白，顾客一旦把某样东西拿到手、体验过后，就有了自己的标准。

从此他们将以这一标准对商品进行衡量。

而且渐渐地顾客将不再满足于现有标准，而去追求更高的标准。在希望获得的标准得到满足后，又会去追求比其更高的标准。

顾客的标准就是这样一步一步地提高的。

例如，现在日本百元店的商品质量非常好，有些商品甚至会让人怀疑："这样的东西 100 日元能买得到吗？"

如果哪家公司以"100 日元的东西，这质量就不错了"的标准来经营，那它必将破产。

现在风靡世界的回转寿司也是同样的。

在回转寿司店中，寿司的品质不逊色于那些经过多年磨炼的师傅所做的寿司，一家人来就餐的顾客和外国顾客还能享受到店里专门为他们而准备的寿司。

如果回转寿司店只是提供价格便宜的寿司，那它也终难逃脱破产的命运。

加之现在信息和国境的界限已不像以前那么明显，顾客了解世界各地的各种信息，甚至有过亲身体验。**可以说顾客比我们更了解各种信息。** 如果想避开这一点，一蹴而就，那简直就是一种奢望。我们一年到头只是埋头研究自己的公司、自己的产品、自己的服务等，而顾客却研究并体验着世界上的各种商品和服务。

在当今这个时代，如果不具备真正的高标准，就随时有可能被淘汰。

而且，过去迅销只参与日本市场的竞争，今后我们却将真正介入世界范围的竞争之中，因此我们只有以**适用于全世界所有人的、普适的高标准为目标不断努力，才能收获经营的成功。**

自己制定的标准没有意义

我们说要树立高标准，但这个标准并不是"便于自己实现的标准"，请大家一定不要误解。

很多人会说"**按自身的情况来看我们做得不错**"，但是这对于经营来说是完全没有意义的。

我们必须以能够真正令顾客满意的标准来衡量自己的工作。这个标准现在已经变得越来越高，因此，我们必须不断追求全世界最高的品质，并将其作为我们衡量我们工作的标准。

我们的店铺是世界上最整洁的吗？

我们店铺的购物环境是世界上最舒适的吗？

我们店铺的服务是世界上最好的吗？

我们的商品是世界上最具附加价值的吗？

我们的工厂是否有能力生产全世界质量最佳的商品？

我们的管理体系是否是世界上最先进的？

我们必须为自己制定诸如此类的高标准，并毫不妥协地不懈追求。直至我们达到其他公司望尘莫及的高度。

要想在竞争中取胜，我们就必须抱着这种念头，将经营质量提高到这一高度。请大家反思一下，自己是否做到了这一点？如果我们以这样的标准来衡量自己的工作，恐怕就会发现我们还有很多地方做得不够。

如果有人认为"自己做得很好"，那或许仅仅是因为他把标准定得太低。

因追求高标准而导致的失败不算是什么问题

这样的高标准并非轻易就能实现。很多公司最初往往无法达到这个标准，而以"失败"告终。

我认为即便如此，为之付出的努力也是值得的。

据说IBM的创始人托马斯·约翰·沃森经常这样教导他的员工：

"追求完美即便遭遇失败也好过因以不完美为目标而收获的成功。"

如果以50分为目标，达成目标是很容易的。但是那样的目标并不能带来顾客认为完美的结果，即使实现又有什么意义呢？

反倒不如为自己制定一个高标准。因为即便我们无法马上达到我们所追求的这个高度，但是，与低标准相比，追求高标准更能促使我们制造出高品质的商品。而且，在挑战高标准的过程中，我们一定会有所收获，同时也能学到很多东西。

当然，这里有一个前提条件，那就是我们必须真正直面失败，认真思考接下来的对策，并不断付诸实践。

只要能够这样做，那么，通过不断的努力一定能够获得成功。因此，我们允许这样的失败。

说到底，如果一家公司总是满足于低标准，那它离破产也就不远了。

比如，如果迅销以制造仅次于 GAP，H&M 和 ZARA 的高附加值商品为目标，或是追求仅次于这三家公司的舒适购物环境，那么，我们就永远无法战胜这三家公司。岂止是无法战胜，甚至还会迅速衰亡。这样的结局是不难想象的。

高标准的实现，能够为公司确立绝对优势的地位

如果一家公司能够达到顾客真正认可的高标准，那么它就将获得绝对优势。

所谓绝对优势，是指某家公司制定的标准已经成为顾客心中的常识，对于没达到这个标准的其他公司的产品，顾客根本无意购买。

例如，互联网行业的谷歌公司、移动技术行业的苹果公司、游乐设施行业的迪士尼乐园就都获得了这种绝对优势。

也就是说，**如果哪家公司能够成功发起改变顾客常识和习惯的高价值革新，它就能够获得绝对优势。**

我们应该不断向这类革新发起挑战。

下面就以我们挑战 HEATTECH 的过程为例对这一问题进行进一步的探讨。

HEATTECH 如今已成为优衣库的代表商品。但是，大家都知道，HEATTECH 并非从一开始就大获成功。在 2003 年刚上市时，其卖点是保温性和发热性。当时共售出了 150 万件，虽不算差，却也称不上是令人满意的销量。

我们并未就此停下脚步，而是坚持不懈地追求更高的品质。

2004 年，HEATTECH 增添了抗菌功能和速干功能。

继而在 2005 年又增添了保湿功能。这一功能获得了希望在冬天预防皮肤干燥的女性顾客的大力支持，这一年，HEATTECH 的销量达到了 450 万件。

在其后的 2006 年，我们和化学纤维厂商东丽株式会社结成战略合作伙伴关系，不断实现高于顾客要求的高标准。具体地说就是进一步提高了它的功能性、品种的多样性和时尚性。这些努力没有白费，2007 年我们实现了 2000 万件的销售业绩，2010 年又将销量提高到 8000 万件。

尽管 HEATTECH 在世界范围的普及程度还远不及日本，但是在日本"一提起冬天就想到 HEATTECH"已开始成为人们的一种常识。每当冬季临近，天气变冷时，就去优衣库买 HEATTECH 也已开始成为顾客的一种购物习惯。

十年前人们还没有这样的常识与习惯，可以说是迅销发起了这场着装的变革。

能够发起这样的革新，要完全归功于我们对品质的不断追求和年复一年的不懈努力。

所以，我们决不能满足现状，只要我们以提供真正优质的服装为目标，不断追求高于顾客要求的标准，那么，不仅是 HEAT-TECH，其他商品也完全有可能获得全世界的认可，并在世界范围内增加销量。

我认为**"真正的好东西是可以获得全世界认可的"**。

更准确地说，应该是"只有真正好的东西才能获得全世界的认可"。

大家是否在制造真正的好东西？

大家是否在进行真正高标准的工作？

我希望大家以高标准为目标，执着地追求并努力实现目标，将公司建设成为一个充溢着为全世界所认可的优质商品和优质服务的公司。

第四节
不畏风险，勇于尝试，敢于失败

追求稳定的公司是不可能获得稳步发展的

一旦确立了高远的目标，不断追求高标准，就意味着我们要对从未经历过的新事物发起挑战。

而人在挑战新事物时，往往会感到不安。甚至产生这样的担心：

"我真的做得好吗？"

"万一失败了怎么办？"

一旦这类不安心理占据了上风，我们就会产生"不想把公司置于危险境地"的想法，而且这种想法还会影响我们的经营方针和决策。

这就是**"追求稳定"**的经营。

这种追求稳定的想法听起来似乎不错，但是却会导致经营的失败。

特别是日本人，由于已经习惯了"适度为美""中庸为佳"这样的美学思想，加之"稳定"一词又与这种美学十分契合，因此很难抗拒对它的向往。

一听到这个词，人们首先就会想："是啊。不管任何事情，稳定都是最好的。"

反之，一听到"高速发展"这个词，人们首先就会浮现出"不靠谱""令人担忧"，或是"这么做很快就会失败，很快就会破产"等想法。

但是，这些想法都脱离了事物的本质。

事物的本质就是**"从一开始就向往稳定的公司是不可能获得稳步发展的"**。

为什么这么说呢？理由很简单。

因为顾客是很挑剔的。没有哪个顾客愿意把钱花在一成不变的商品上、形式化的店铺中。

此外，由于竞争的存在，各家公司都争相想出各种方式来吸引顾客。

社会在以惊人的速度发展变化着，人们的需求也同样瞬息万变。

倘若顾客、竞争方式、社会都是静止不变的，那么追求稳定或许可行。但是那样的世界是不存在的。

现实情况是，只有经营者能够不被这些变化打败，**进而将这些变化转换为商机并巧妙经营，我们才不致被顾客抛弃，否则公司也将难逃消亡的命运。**

不懂经营的人，经常讽刺敢于大胆接受挑战的公司"不正视现实"，从这个意义上来说，其实追求稳定才更加"不正视现实"。

"不想将公司置于危险境地"的想法，反倒"更有可能将公司置于危险境地"。

经营者就是为了在当下和未来都能够实现成果的最大化而存在的。

要完成这个职责，就必须不畏风险地去挑战应该挑战的事。在必须投身其中时，就要大胆果断地参与。

如果经营者没有这样的心理准备，就不可能创造顾客，也无法让公司存活下去。

风险总是伴随着机会

"**没有风险就没有利润。风险总是伴随着利润。**"这是铁的经营法则。你知道为什么吗？

因为有风险的事情，会令很多人产生畏惧，或是觉得困难，或是由于认定不可能而从一开始就放弃了，或是被常识所束缚，最终未能付诸行动。

一般来说，世上不可能有什么事情是"只有我们想得到"的，但是，能将自己的想法切实付诸实践的人却很少。

因为多数人都希望规避风险。

但是，如果换个角度看，对于经营者来说这却是个机会。

别人还没有动手去做就意味着，我们可以完全控制该项经营，并在市场上占据绝对领先的优势，而且还不必担心会由于其他人的介入而摊薄由此产生的利润。

反之，不冒风险，我们也就不可能掌握这些优势。

认真估测风险

我常说"要不畏惧风险"，但是它绝不等同于"不对风险进行估测"。经常有人对此产生误解，因此，有必要在这里向大家强调。

我绝不是让大家不考虑风险，莽撞行事。

必须考虑到风险，并对风险进行估测。

所谓估测风险，就是要冷静、认真地思考"这么做的话风险在哪里？"以及"风险有多大？"等。

那些标榜"在对风险进行估测之后，才决定放弃"的人，很多与其说经过了冷静、认真的思考，不如说仅仅因为最先产生了不安和恐惧，就在脑海里浮现出很多不能去做的理由，并以"对风险进行了估测"为由，堂而皇之地将那些理由正当化。

其实这并非估测，而是停止思考。

迅销在1998年优衣库原宿店开业之际，就决定完全销售本公司生产的商品。

完全销售本公司生产的商品所伴随的风险是，要停止销售耐克、阿迪达斯等进口体育品牌商品。也就是说，公司将面临失去这部分商品营业份额的风险，而这些商品在当时的优衣库是颇受欢迎的。但是，如果继续销售这些商品，我们的利润幅度就会受到限制。

而且，为了将真正优质的服装送到全世界所有人的手中，我们必须掌控商品从生产到销售的所有环节，并创立自己的品牌。但是，如果我们继续销售其他公司生产的商品，就永远无法创立我们自己的品牌。

这是不完全销售本公司商品所伴随的风险。

在考虑是否应该完全销售本公司生产的商品时，将这两种风险放在天平上衡量，这才是风险估测。

如果用"眼前利益"这个尺度来看，还是不要完全销售本公司

第一章 变革的能力 37

的产品比较好。因为我们势必要舍弃原本销量颇好的商品。

但是,如果用"长远利益"这个尺度来看,又会看到不同的景致。如果新的举措取得了成功,我们将会看到很多人穿着我们优衣库品牌的服装,穿梭在全世界的大街小巷,并且所有的利润都将属于我们自己。

那些有可能导致公司倒闭的风险,不能使公司大获收益的风险是应该规避的。

除此之外,是否该冒风险就完全取决于冒风险和不冒风险哪个能够带来我们希望看到的景致。

迅销在那时选择了冒风险,也就是选择了完全销售本公司商品这一新举措。

现在,那时我们希望看到的景致已经逐渐呈现在我们眼前。

一旦选择冒风险,就不能半途而废,必须不懈努力直至取得成果。

当然,一旦我们选择冒风险,最不该犯的错误就是,"冒着风险进行新的尝试,舍弃了眼前的利益,结果新的尝试却半途而废,无果而终"。

这样一来,不仅是短期利益,为进行新的尝试而投入的成本以及未来的利润都将成为泡影。

因此,一旦决定冒风险,就必须全力以赴地将要做的事进行到底,勇往直前,直到取得成果。也就是说,一旦决定做一件事就必须做到底。这是很重要的经营之道。

成功的公司都是一旦决定做某事便全力以赴做到底的公司。

在取得成果之前,也许会经历多次失败。不过,进行新的尝试也就是做我们未曾经历过的事,一开始做不好也是很正常的。

对于经营者来说,最重要的是不向挫折低头。不因一两次的失败而气馁。

"果然很难。"

"当初不做就好了。"

面对失败，这样的沮丧和懊悔也许会掠过你的脑海，但这时一定不要气馁，要认真找出失败的原因，思考接下来的对策，并付诸行动。

一旦放弃，一旦我们的努力半途而废，我们就将一无所有。

遭遇失败后，有些人因此中途出来道歉并引咎辞职，但是，这并不是为失败负责的做法。

如果真想为失败负责，就应该：

"拿出不达目的誓不罢休的劲头，不断摸索尝试。"

"在意识到遭遇失败之后，认真追究原因，并从失败中总结经验教训。"

"将从失败中获得的经验教训运用到今后的工作中，以取得成果。"

这才是为失败负责的做法。

如果能这么做，那么不管失败多少次都没有问题。因为我们一定能在失败中获得成长。

第五节
严格要求，询问本质问题

如果不提出要求与问题，现场的工作就变成了"机械的操作"

现场的工作如果不用心去做，就会流于今天的工作只是昨天工作的简单重复。

仅仅因为被公司雇用而为公司工作的普通员工大多不具备创造顾客这一意识。

因此，只有经营者抱着创造顾客的方针，并将这一方针渗透到每项具体的工作中，员工才会对此产生兴趣。

如果员工对创造顾客不感兴趣，那他们每天的工作就会变成简单的重复。每一项工作也终将变成"机械的操作"。

工作一旦变成了"机械的操作"，在接待顾客时，员工就无意发挥想象力来思考如何才能为顾客提供更好的服务。

查看数据时，眼中看到的也仅仅是数值，看不出隐藏在数值背后的顾客的心理。

因此，经营者必须经常就创造顾客这一方针与员工进行交流，必须提出以下这类问题督促员工思考：

"你认为客人的想法是什么？"

"那么，你认为下一步该怎么做呢？"

如果通过员工的回答发现员工想得过于简单，就还需继续发问，例如：

"真是这样吗？"

"你为什么会这么想呢？"等。

通过这种方式要求员工做进一步的思考。

有一个非常有名的故事，据说在丰田汽车公司领导层总是要求员工回答五个"为什么"。

如果不这样追问，不这样严格要求员工，那么员工关注顾客、在工作中发挥想象力的热情就会减弱。

而且，这种**思考能力的弱化将会妨碍他们创造顾客的能力**。

开拓员工的视野，扩大员工的可能性

此外，现场的工作往往越是执着越容易变得视野狭窄。比如，现场的员工容易陷入这样的思维定式：

"我们的商品就应该是这样的。"

"购买这种商品的一定是这类顾客。"

"这项作业就应该这么做。"

执着于现场的工作是好事，但是从创造顾客的角度来看，这种执着有时却会成为障碍。

例如，我们在开发 HEATTECH 时，就发生过这样的事情。

HEATTECH 的开发团队最初是以提高 BABA SHIRTS（女性保暖内衣）功能为目标开始研发的，因此"我们正在开发内衣"这一意识非常强烈。

但是后来我意识到，他们所开发的 HEATTECH 有可能突破内衣的范畴。

因为仔细看一下就会发现，与其说 HEATTECH 是内衣，倒不如说它看上去更像 T 恤。

它既可以当外套穿，也可以叠穿。意识到这一点之后，我认为 HEATTECH 不应定位为内衣，它是可以与其他衣服搭配混搭穿着的。

把 HEATTECH 当作内衣来开发的开发团队没能马上理解我的意思。内衣是无须注入时尚元素的，但如果作为混搭配件来穿着则必须具备时尚性，缺乏时尚性，就不会被各类人群认可。

现场员工对目标执着不懈的追求，却往往使他们忽略了拓展自己的可能性。

因此，经营者在这种时候就必须提出尖锐的问题，帮助员工开阔视野。

绝不能轻易妥协，**如果员工的回答从创造顾客的角度来看尚存在不足的话，必须从严要求。这才是经营者的职责。**

结果，以前的 BABA SHIRTS（女性保暖内衣）购买人群仅限于中老年妇女，而新研发出来的 HEATTECH 则受到了男女老幼的认可，开创了更大的市场。

经营者的职责就是挖掘员工的潜力，并帮助员工拓展其可能性。

这就要求经营者必须向员工提出尖锐的问题，并对员工从严要求。

不做善解人意的上司

有些人对此缺乏正确的认识，由于不想被员工讨厌，而扮演着善解人意的上司。

善解人意的上司，听着虽然好听，但是**这样的上司却不可能带领员工开展革新**。

这样的上司也培养不了部下。因为这样一来，员工就会按照自己的标准，根据自己方便与否去工作，致使员工无法体验到真正意义上的成就感和自我成长。

大家必须意识到，善解人意的上司其实剥夺了部下的成长机会。

善解人意既不可能建设强大的团队，也无法开展革新。

一个严格要求员工的上司必须做到的事

这里，我希望大家记住一件事。

那就是，**如果你真想对部下严格要求，并希望他完成某项工作的话，一定不要忘记对他说："你一定可以做好！"**

想让员工干好工作就必须激发员工本人的工作热情。为了让员工充满干劲儿，作为一名上司必须不断地对员工进行鼓励。

此外，还有一件事也同样非常重要。

那就是作为上司必须要有这样的思想准备：**工作虽然交由部下去做，但是最终承担全部责任的却是上司**。

部下最讨厌的上司是：只会发号施令，出了事却不去承担责任，而是把责任全部推给部下。

有些上司只会提出要求，认为提出要求后自己的任务就完成了，剩下的责任都应由部下承担。这种上司最令人讨厌，部下不会希望跟着这样的上司工作，也不会产生"上司虽然是一个严厉的人,但却值得我为他而努力"的想法。

因此,在与部下相处时,上司必须具备这样的胸怀,即责任全在上司,功劳全归部下。

部下常常会细心观察上司,他们能够通过日常的言行举止看清上司的本质。

只有当上司能够让部下感觉到"他是真正为我着想才这么说的",才能与部下建立起信赖关系。倘若上司和部下之间缺乏信任,那说什么都是没有用的。

要想得到部下的信任,除了我们上面讲到的这些,还要注意自己在日常工作中的姿态、态度,这些都非常重要。具体内容我们将在第三章"建设团队的能力:经营者是真正的领导者"中进行详细的阐述。

第六节
自问自答

不要认为自己做得很好

所谓自问自答就是围绕过去所做的事情、市场以及将来想做的事情等向自己提问，比如问自己"真是这样吗？""我真的做得很好吗？"等问题，并就这些问题进行认真思考。

这种自问自答的方式能够使我们发现很多问题，比如，自己现在所做的事与过去相比并没有什么本质上的突破，只不过是在原地转圈而已；自己只看到了事物的一个方面；自己过于拘泥于细枝末节，却没把时间和精力花在更重要更本质的问题上……

如果未能发现这些问题，就有可能是我们的内心被自满心理占据了。

以"自己做得很好"这样的心理来看待事物，是不会发现任何问题的。

对于经营者来说，最忌讳的就是抱有"自己做得很好"这样的心理。

为什么我要这么苦口婆心地来跟大家说这些呢？因为有很多人表面上虽然装得很谦虚，但内心却总是认为自己做得很好。这类人不仅我们公司有，在社会上也普遍存在。

"公司制定的目标很高。因此能做到 80% 就已经是很不错的成绩了。而我已经达到了 90%。所以我算做得相当不错了。"

一个经营者如果产生了上述想法，或是认为"我已经超越了自己制定的标准，从自己的情况来看我已经做得很好了"，那么经营就会很快走入下坡路，并终将以失败告终。

经营者必须时刻带着危机感来经营

经营者在进行经营时需要的是危机感，而不是不安的情绪。

关于不安的情绪，我们已在本章的第二节中进行了详细阐述，这里我主要想和大家谈谈危机感。

没经营过公司的人对经营有一种误解，认为没有危机感、一帆风顺的状态是"正常的经营"。

但是，现实却完全相反。如果因为眼前一切顺风顺水就高枕无忧地进行经营，那么公司转瞬就会濒临破产。

我再重复强调一遍，市场是残酷无情的。

因此，**我们必须时刻带着危机感来经营，清醒地意识到自己行走在悬崖的边缘上，稍有不慎就会一头跌入深渊**，这样的经营才是"正常的经营"。

所谓"抱持危机感"，是指在客观评价自己的状态和成绩的同时，持续不懈地努力，永不自满。

具体地说，就是经常问自己一些问题来警醒自己，比如：

"我是不是错了？"

"在当前的市场竞争中我们是不是输了？"

"照此下去，我是否很难在将来完成自我实现？"

"虽然现在情况不错，但如果我们不思进取，公司是否会面临破产？"等。

而且，如果产生了这样的危机感，为了不让危机感变成现实，你就会迫使自己发现具体问题，并采取具体行动来解决。

站在顾客的立场，以最挑剔的眼光来审视自己

自问自答的诀窍就是"**站在顾客的立场，以最挑剔的眼光来审视自己**"。

如果你是在店铺里工作，就应该每天都用这种眼光来审视自己的店铺；除店铺之外，其他部门的员工也同样应该站在顾客的立场以最挑剔的眼光来审视自己的公司、部门以及服务等。不仅如此，我们还必须以自问自答的形式对自己的工作是否符合世界通行的标准进行审视。这是获得成功所不可或缺的条件。

经营者必须是能够在应对变化的过程中取得成果的人，因此，如果缺少了这个自问自答的过程，经营者是绝对不可能获得成功的。

我还没听说过有哪个经营者或是哪家公司是不经过自问自答就

能够长久取得成功的。

经营者必须以超出自己想象的严格标准来要求自己，必须使之成为自己的习惯。

只有进行自问自答的人，才能产生好的创意

这一点与自问自答有关，而且非常重要。因此，最后我才想再多说几句。

是不是只有天才才会拥有"良好的直觉""出色的创意"以及"崭新的想法"？如果不是天才是否这一切都将与他无缘？

我并不这样认为。

据我所知，能够做到这些的人都是些平时就喜欢进行自问自答的人。

人们往往认为出色的直觉和创意是在头撞到门上的那一瞬间闪现在脑海中的，其实并不是这样的。

直觉和创意涌现之前需要经历一个非常重要的过程。

也就是说，在此之前需要**对许多事情进行思考，与许多人交流，反复摸索实践，并认真地进行自问自答。这个过程非常重要。拥有良好直觉、出色创意的人都经历过这个过程。**

通过自问自答，对很多想法进行提炼并作为自己的财富储存起来。正因为有了这个过程，在接触到某种信息时，之前的积累才会开花结果，以直觉和创意的形式显现出来。

在别人看来，直觉和创意的出现只是一瞬间的事情，看上去像是当时的灵光一闪，而实际上，如果不经历自问自答这一认真积累的过程，"灵光一闪"是不可能发生的。

爱迪生有一句名言：

"天才就是百分之一的灵感加上百分之九十九的汗水。"

只有历尽艰辛，勤于思考的人，灵感才会造访他，并最终产生出色的创意。

作为经营者，有时需要引导启发员工的创意，有时需要自己寻找突破口。要想具备这样的能力，经营者就必须养成自问自答的习惯。

第七节
天外有天，不断学习

要如饥似渴地学习

　　市场不断变化，变革永无止境。如果不通过自问自答来不断反省，公司很快就会被社会所遗弃。

　　另外，要想永远跟上社会前进的步伐，我们自身就必须不断成长。为此，坚持不懈地学习是非常重要的。

　　大家在学习时要做好两个重要的心理准备。

　　一个是**"人外有人，天外有天"**。

　　另一个是**"这个世上没有什么事情是从未发生过的"**。

　　首先我们要具有"无论在生产方面还是在市场方面，我们的经营都不会输给全世界真正优秀的公司"这一意识。

　　每天带着这种意识，进行这样的思考："是不是有比我们现行的更好的方法？""我们是否能从什么地方获得某种启示以使现在的工作获得飞跃性的成功？"

　　而且，光思考是不够的，要知道我们要做的事情一定还有别的公司的某些人在做，因此我们应该与那些人交谈，或者读他们写的书，并实际去看、去体验，这是非常重要的。

　　这样一来，我们就能弄清他们是怎么想的、怎么做的。这对我们的工作将具有很重要的参考价值。

　　所以，在看书时，比起学者写的书，我更偏爱经营者基于自己的实际经营活动而写成的书。这类书中关于行动以及思维方式等的阐述，对我们而言是一种模拟体验，我们应该尽可能多地获取。

　　此外，除了书籍之外，如果还想直接与经营者本人对话，就不要总是为"没有联系的渠道"或"这样的问题即使我向人家请教，人家是不是也不会告诉我"等种种担心而犹豫，不要觉得不好意思。那些担心只不过是个借口而已，如果不能把想法付诸行动，只能说明你的危机感和对成长的渴望还不够强烈。

如果你真的渴望成长，你只管大胆地给他打电话，去向他请教就好了。

这种时候，如果你跟对方说："我们是这么想，这么做的。贵公司是怎么做的呢？我们可以相互交换信息吗？"对方一定会愿意与我们探讨的。

对于经营者而言，只有能够学以致用，学习才是有意义的

下面我想和大家谈谈学习方法。

对经营者来说，真正有意义的学习是运用学到的知识和信息，**"结合自身情况进行思考"**，并且要**"勇于尝试"**。

如果做不到这两点，学习就失去了意义。

大家是为了成为经营者，成为一个能够获得成果的经营者而学习的。所以，单纯地为学习而学习，或是像学者一样为积累知识而学习，对大家而言都是没有意义的。

学习如果不与实践相结合就没有意义，同时，在实践的过程中也要不断学习，经营者的学习必须形成这样一种循环，否则学习就是没有意义的。

要想学以致用，就必须把学到的知识真正变成自己的东西。

有些人看书时只是发出"原来还有这样的想法！""这想法也不错呀！"等感慨后就把书合上了，这种阅读方式是不可取的。

我们应该**以与书对话的方式进行阅读**，例如可以经常向自己提一些这样的问题：

"这里所写的内容，如果是我会怎么考虑？"

"我们公司符合哪种情况呢？"

"在我们公司可以怎么去做呢？"等等。

这种方法不仅适用于读书，还适用于听课、听别人讲话、参观等所有场合。

此外，在结合自身情况对书中内容进行思考后，不要忘记要将想法付诸实践，这是至关重要的。在实践结束后，还须用严格的标准对我们自己的实践结果进行评价，审视自己是做得很好，还是没做好。如果认为自己没有做好，就应该探究原因并再次付诸实践，就这样反复实践直到自己能做好为止。对于实践家而言，这是唯一正确的学习方法。

提高自身能力，获取真正有价值的信息

这是关于学习我要讲的最后一点。

经营者要想获得成果，重要的一点就是要学会不断提高"信息质量"。信息都是由人带来的，所以学会如何与真正杰出的人才交换信息就变得非常重要。**在这个世界上，各行各业中掌握着真正有价值信息的真正的杰出人才并不多，可谓屈指可数。**

例如，真正优秀的跑车设计师在全世界都不多。同样，在生产技术、MD、信息系统或是人事管理等方面，真正优秀的人才也并不算多。

但只有这样的人，才真正拥有最前沿的信息。

因此，我们在工作的同时，必须认真思考如何才能尽快找到这类人才。

而且最重要的是我们必须在平时就不断给自己充电，提高自身的能力。因为只有这样，当我们面对这类人才时，才会有能力与他们进行对话。

如果自己提供给对方的信息量过少，就不可能进行真正意义上的对话。至于一个杰出的经营者是否愿意抽出宝贵的时间与我们进行实质性的交谈这一问题，显而易见，如果坐在他对面的我们是一个言之无物的人，那么，最好还是不要对此存有幻想。

因此，**为了能够向对方提供足够的信息，为了能够在对方询问我们时提出建设性的意见，我们必须在平时多学习，多积累。**

也就是说，自身能力的提高是我们获取真正有价值信息的必要条件。

要想提高自身能力，必须要做的一件事就是如饥似渴地学习，通过不懈的努力开阔眼界、增长见识，以使自己具备与杰出的经营者进行对话的能力。

我从年轻时就养成了每天看书、看业界杂志，与各类人面对面进行交流的习惯，并且这一习惯已经持续了 30 多年了。

因此，对于本行业的信息以及日本、美国、欧洲、中国等地区专卖店、百货店、量贩店的经营状况，我恐怕比任何人都了解。

以上所讲的虽然都是些最基本的事，但却非常重要。如果能够坚持 5 年，你一定获益匪浅。那时，当你面对这个世界上的杰出经营者时，你就已经能够与他进行实质性的交谈了。

另一件必须要做的事就是努力工作并竭尽全力提高业绩。我年轻的时候，就非常向往与真正杰出的经营者进行交流，但是由于那时的我并不被对方看重，所以很难获得这样的机会，即便有这样的机会，也还是难免被他们轻视，最终难以进行真正意义上的交流。

但是，当我做出成绩后，情况就不同了。他们开始愿意倾听我说话，并对我的观点表示赞同，甚至开始愿意告诉我他们的真实想法了。

所以，**你必须先成为一个让对方认可，被对方看重的人。只有做到了这一点，你才能打开和杰出经营者交往的局面。**同时，与经营者的交流一定会令你获益匪浅，这样就形成了一个良性循环。

第一章　自我训练

训练 1

请针对此章中，各种经营者养成所必备的项目，进行自我评价。
以半年一次的频度，定期进行自我评价，进行经营者养成的自我成长管理。
（下表为 3 年份）

	变革的能力	年 月	年 月	年 月	年 月	年 月	年 月
1	抱持高远的目标						
2	质疑常识，不受常识的束缚						
3	树立高标准，不放松，不放弃，坚持追求						
4	不畏风险，勇于尝试，敢于失败						
5	严格要求，询问本质问题						
6	自问自答						
7	天外有天，不断学习						

自我评价：
〇 = 有达到本书所记载的水准
× = 未达到本书所记载的水准

训练 2

举出做得最好及做得最不好的项目，并写下依据。
以半年一次的频度，定期进行自我分析，进行经营者养成的自我成长管理。
（下表为 3 年份）

		做得最好	做得最不好
年 月	项目		
	依据		
年 月	项目		
	依据		
年 月	项目		
	依据		
年 月	项目		
	依据		
年 月	项目		
	依据		
年 月	项目		
	依据		

第二章
赚钱的能力
经营者是生意人

第一节　从心底希望顾客高兴
第二节　日复一日，完成好必做的工作
第三节　迅速实行
第四节　现场、现物、现实
第五节　集中解决问题
第六节　与矛盾做斗争
第七节　做好准备，执着于成果而非计划

第一节
从心底希望顾客高兴

所有工作必须彻底遵循"一切以顾客为中心"的原则

经营的基础就是"一切以顾客为中心"。

这些话我们平时经常听到,但是我希望大家对此不要仅仅停留在字面上的理解。因为,如果不能深入理解这些话的含义,那么,即使接触到了这些话,在回到工作岗位后,也会瞬间就将它们忘得一干二净,依旧根据自己方便与否去经营。

这绝不是用华丽词句堆砌而成的供大家轻松喊几句的口号,我们**必须在所有经营环节彻底贯彻执行**。

所谓彻底贯彻是指必须由始至终认真执行,因此,在商品的企划阶段,我们就应该抱着赢得"顾客满意的笑容"这一愿望开始进行企划,并且为了赢得"顾客满意的笑容",始终不做任何妥协。店铺也同样要为赢得"顾客满意的笑容"而不懈努力,力争创造最好的购物环境。

"一切以顾客为中心"就是要将这种工作态度贯彻到各个部门、各个岗位。

当被问到"公司到底是谁的"这一问题时,正确的回答应该是"公司在本质上是为顾客而存在的"。

MBA 的教科书中写的也许是"公司是为股东而存在的",这是本末倒置。

此外,"公司是为员工而存在的"这种看法也同样是本末倒置。

公司是依靠顾客支付的钱款来维持的。面对顾客,"为了我们公司股东的幸福,请您购买我们的服装吧""为了我们公司员工的幸福,请您在我们这里购买服装吧"之类的话你能说得出口吗?谁都知道这实在太可笑了。

必须一心一意地为顾客着想。只有坚持一切以顾客为中心所获得的硕果,最终也将让我们的股东和员工幸福。

做生意就如同每天接受顾客投票一样，顾客不会把票投给不为他们着想的企业。

迅销被誉为高速发展得很特别的公司，其实我们并非有什么特别之处，能够获得今天的发展完全是因为我们长年如一日心无旁骛地认真贯彻了一切以顾客为中心的理念。

三个要点可让我们赢得顾客满意的笑容

要想让顾客满意，就必须注意以下三个要点。

第一个要点是**"必须让顾客感到惊喜"**。

怎样才能让顾客感动，发出"这是我还从未体验过的，太棒了！""居然可以这么细致周到！"之类的感叹呢？对此，我们必须时刻结合自身的职务及所处的工作岗位进行认真的思考。

真正意义上的"顾客满意"是指：

以超出顾客想象的形式将顾客需要的东西提供给顾客。

如果我们提供给顾客的商品，仅能让人产生一种"原来是这种东西呀！""这种商品别的店也有"之类的感觉的话，那就不可能给顾客留下任何印象。

只有当我们能够让顾客产生"居然可以这样，真了不起！"之类的感叹时，他们才会成为我们的拥趸。

下面要讲的第二个要点对于赢得顾客支持是十分重要的。那就是要养成这样的思考习惯：**"顾客的需求非常重要，我们必须以高于顾客所期待的水准来满足顾客的需求！"**

大家都知道，我们经营理念的第一条就是"满足顾客需求并创造顾客"。

要想满足顾客的需求，我们就必须努力弄清"顾客到底在想什么？""顾客现在的心情是怎样的？"

为此，我们必须认真倾听顾客的心声。这里所说的顾客的心声不仅指在店铺里听到的顾客的意见、需求，还包括从数据中读取到的顾客的心声。如果不倾听顾客的心声，就无法满足顾客的要求。

在了解了顾客的心声之后，接下来要做的事很难，但却非常重要。

对于客人的心声，如果我们只是囫囵吞枣地理解，尚未达成深刻的认识就那样提供给顾客，那必定会出现我们不希望看到的结果。

那就是，虽然我们依照顾客的心声为他们提供商品和服务，但是顾客却不会像我们所希望的一样支持我们。

为什么会出现这种情况呢？

这是由于**顾客所追求的是他们尚未见过的商品或尚未体验过的服务。这才是顾客真正的心声**。

让顾客直接、明确地说出他们的需求当然最好，但是由于顾客追求的是他们尚未见过的、尚未体验过的东西，所以要让他们具体地说出"我想要的就是这样的"，那是不可能的。

假使他们能够用语言来表述"这种东西"，甚至能够拿出具体物品来向我们说明他们的需求，那么，顾客既然能将具体物品摆在我们面前，就说明这个世界上已经存在"这种东西"了。在这种情况下，即便我们将其提供给顾客，他们也不会因此而感动，当然，我们也不可能从顾客那里获得我们所想象的支持。

顾客能够告诉我们的仅仅是问题和需求。

作为专业人士，我们必须基于顾客所反映的问题和需求，充分发挥想象力和创造力，以超出顾客期待的水准将顾客的需求变为现实。只有这样，我们才能创造出顾客真正需要的附加价值。

这不仅适用于以商品等形式提供的有形服务，也同样适用于接待顾客等无形服务。只有当我们能够让顾客享受到超出他们期待的细致周到服务时，我们的服务才能够留存于顾客记忆中并令顾客感动。

理论研究和分析是必不可少的。但同时，这种近似艺术感觉的研究也非常重要。可以说，如果不这样，我们就无法为顾客提供超出他们期待的商品和服务。

要想具备这种感觉，就必须在平时进行刻苦钻研，多学习、多和人交流、多看、多体验，并进行自问自答。

此外，最重要的是要有一颗以顾客为重的心，在任何时候都优先考虑顾客的需求并从心底里希望看到顾客满意的笑脸。

第三个要点是要时刻谨记的：

"作为商品和服务的提供者，我们必须生产出自己真正认为优

质的商品并创建自己真正认为优良的店铺。"

当然,这绝不是说要大家无视顾客的需求,按我们自己的意愿随意进行生产,希望大家不要对此产生误解。

第三个要点是以前两个要点为前提的,在前两个要点的基础之上,我们还需要时常对自己的工作进行审视,用以下的标准来衡量自己的工作:

"如果我是顾客,这样的衣服我真想拥有很多件吗?"

"这样的衣服我真的希望朋友、家人等自己所爱的人穿用吗?"

"如果我是顾客,我真希望每天都来这样的店铺逛逛吗?"

"自己所在的这家店铺真的能使自己在家人和孩子面前为之骄傲、感到自豪吗?"等等。

如果达不到这样的标准,我们就很难真心地销售,真心地希望顾客购买,真心地希望顾客来店选购。

顾客是很敏感的。如果销售人员并没有将以上种种执着的意愿倾注于商品或是店铺之上,他们一眼就可以看穿。他们是不会为这样的商品或店铺而掏腰包的。

顾客可以洞察一切

从优衣库以往的热卖商品中,我们可以发现两个共同点。

一个共同点是"热卖商品都是那些前所未有的新商品",虽然有些是以前就有的商品,但也都是些价钱昂贵,一般人以前难以拥有的商品。不曾拥有的商品其实也就等同于前所未有的商品。

另一个共同点是"热卖商品都是那些商家充满信心销售的商品"。

也就是能够让商家充满自信地向顾客承诺:"这是好东西,绝对值得一买"的商品。

兼具本节中所讲的这些特征的商品都是非常畅销的。

如果真心为顾客着想,真心希望顾客满意的话,那么,本节中讲到的种种努力就是必不可少的。而且只要我们付出了真心的努力,就一定会被顾客所感知并得到顾客认可。

顾客的眼睛是雪亮的。

第二节
日复一日，完成好必做的工作

脚踏实地地做好每一项工作

有些人由于对经营缺乏了解，常常产生一种错觉，把赚钱的能力理解为只要做出一些不同凡响的事或是找到某种特殊的方法就能取得成功。其实完全不是那么回事。

所谓经营就是每天认真完成本职工作，并对完成的工作进行检查，进而思考接下来应采用的方法并修改计划。可以说经营正是这一过程的周而复始。

真正的赚钱能力关键在于能否脚踏实地做好本职工作。

使用过激的手段举办活动，即便能够招揽顾客，也难以维持长久。

在遭遇雷曼冲击之后，美国一家被誉为"全美三大汽车制造商"之一的汽车公司获得了重生。此前很长一段时间他们一直重复着脱离经营本质的错误。例如，为了粉饰报告中的数值，一旦营业额低迷就采用并不能从根本上解决问题的裁员方式来削减成本，或者不经深思熟虑就推出诸如"现在购买可节省 3000 美元"等过激手段进行促销。采用这种促销方式，在活动结束后顾客就不会再来了，于是营业额又开始出现下滑。业绩一旦下滑就又推出过激的促销方案。这种经营方式的恶性循环是不可能赚到钱的。

对于经营而言，最重要的就是珍惜每一天、每一位顾客。并且，每天致力于减少浪费，坚持不懈地对经营的每一个环节进行改善。这些工作看似平凡，但是，只有能够脚踏实地、坚持不懈地做好每一项平凡的工作，公司才有可能不断成长壮大。

未来存在于每天充实的工作中

特别是像我们这样的零售业是每天都要进行经营的。从店铺大门打开的那一瞬间开始，"每天"的经营就开始了。**珍惜每一天，珍惜每一位眼前的顾客，这既是我们经营的基础，也是我们经营的**

全部。如果做不到这一点，我们就将逐渐失去顾客的支持，当然，未来也就无从谈起。

实现1万亿日元、5万亿日元的营业额目标，成为世界第一的服饰制造零售集团的梦想，所有这些能否实现完全取决于我们是否能够把握好当下的每一天，把握好眼前的每一位顾客。否则一切都不过是痴人说梦而已。

世界上很多人对此都存有误解，认为理想和梦想有别于日常的工作，要想实现理想，就必须做出不同于日常工作的特殊成绩。

但是，理想和日常工作并非毫不相干，二者是紧密相连的。

未来存在于每天充实的工作中，而认真解决眼前的每个问题也正是我们通向理想之路。

我们就好像每天都在接受顾客投票一样，顾客投票的结果就是我们的营业额。当营业额没能按计划达成目标时，我们应该意识到这是顾客在通过投票的方式表达他们对我们工作的不满。

一旦出现顾客对我们不满的情况，我们必须认真对待并想方设法尽快改变现状，否则顾客就会渐渐远离我们。因为你不可能对顾客说："对不起，请等我们半年，到时我们一定会把工作做好。"这样经营的公司不可能有未来，也不可能实现梦想。

并非能力问题，而是习惯问题

大家每天的工作都做得怎么样？你是否每天都能认真对待自己的本职工作？大家的工作岗位情况怎么样？出了问题是否能够立即解决？例如，在店铺里以下的这些工作是必须要做好的。大家所在的店铺是否每天都做得很好？

- 彻底进行清扫，使店铺在任何时候都保持干净整洁、令人神清气爽的状态。保持仓库的整洁，创建便于找到商品、易于工作的环境。
- 商品陈列整齐美观，便于顾客选购。一旦乱了就马上进行整理。
- 想办法使价格标签便于顾客查看，并注意不要标错价格。
- 实施准确的库存管理，确保不发生缺货现象。实施出货。

- 货架上陈列畅销商品，去除滞销商品，并为确保这种商品陈列的顺利实施而创建有效系统。
- 使店员能够以精神饱满的状态、开朗乐观的态度接待顾客。如果有店员做不到就要马上进行指导。
- 妥善应对顾客投诉，并将投诉内容告知员工，大家共同致力于问题的解决以防止问题再次发生。此外，还要将投诉情况及发现的其他问题反映给总部。
- 每天都像偏执狂一样地关注营业结果，自己发现问题，并逐一解决。

为了完成企划、计划，最终实现盈利，我们必须注重以上种种细节，踏踏实实地做好本职工作，并遵照各项工作的原理、原则认真做好每天的工作，出现问题就立刻解决，并不断积累经验。这一点非常重要，是必不可少的。

能否做到这一点并非能力问题，而是习惯的问题。所以，任何人都可以做好。重要的是要有意识地锤炼自己，直至使之成为一种习惯。

此外，**如果上级不能带头做好本职工作，部下就不可能对自己的工作引起重视**。所以，作为管理者应该意识到，现场工作做得不好，并非部下的问题，而是身为上司的自己的问题。

不起眼的工作中蕴藏着赚钱之道

举这个例子也许对事例中的主人公不敬，但是确有其事。

此人现在已经成为经营干部并引领着公司的发展，但是在他刚进公司时，对自己被派去清扫厕所一事特别不满。

他的理由是："我是以优异成绩从大学毕业的，公司为什么安排我做这种工作？我是为了将来成为优秀的经营者才进入这个公司的，不是为打扫厕所而来的。"

听了这番话，我对他进行了严厉批评。

记得我是这样对他说的："不能珍视眼前每一位顾客的人算什么经营者？这种人是不可能令世人满意的。"

我想，正是因为他后来牢牢记住并深刻领会了我所说的这番话，如今才当上了经营干部。

要想真正赚到钱就必须勤勤恳恳地工作，绝不轻视不起眼的工作。

珍惜眼前的每一位顾客，重视每一天的积累。

坚持不懈地努力，不懈怠、不偷懒。这是非常重要的。

商人的这种对不起眼工作的重视是立志成为经营者的人所必须具备的。因为其中蕴藏着赚钱之道。

如果我们进行经营却没有赚到钱，那一定是在这一点上出了问题。我这么说并非言过其实。

第三节
迅速实行

速度变得越来越重要

　　迅销集团的英文名称"FAST RETAILING"直译过来就是"快速零售业"。我们是将"迅速捕捉顾客需求,迅速实现商品化并迅速将商品提供给顾客"这一行动准则在公司名称上体现了出来。

　　公司采用这个名称是在1991年。和那个时代相比,现在这个时代的变化速度又加快了很多。以前有十年恍若隔世这个词,现在是三年恍若隔世,或者说已进入了一年恍若隔世的时代了。

　　例如,同样是争取5000万用户,收音机用了38年,电视机用了13年,互联网用了4年,苹果公司推出的iPod用了3年,而Facebook却仅用了2年。

　　Facebook是2006年9月正式面世的,但是目前它的注册用户已经超过了7亿(截至2011年5月)。如果换算成人口,相当于仅次于中国和印度的世界第三人口大国。

　　从以上的例子我们不难看出,时代变化的速度以及事物、信息扩展的速度,已是今非昔比了。

　　因此,**速度对于经营也越来越重要了。**

　　这对于经营者来说是一个巨大的机会。如果我们能以比其他任何公司都快的速度,提供全世界公认的真正优质商品的话,我们就能以前所未有的速度开创并引领巨大的市场。

当机立断、立刻实行

　　速度这个词有两层含义,一层意思是"迅速抢占先机",另一层意思是"快速完成工作"。

　　正如我在前面已经讲过的,这个社会在变化、顾客的需求在变化,各种情况无时无刻不在发生变化,并且还将不断变化下去。经营者必须具有希望比任何人都更迅速地把握这些变化的意愿,也必须比任何人都更迅速地把握住这些变化。

如果我们应对迟缓，就会给公司带来致命的打击。为此，我们必须时刻带着危机感来密切关注事物的发展变化。

关注度不够也将导致失败。关注度不够就会使我们不能及时意识到变化的发生，而当我们意识到的时候，却往往已经来不及应对了。这种滞后必将导致经营的失败。

如果我们先别人一步注意到了变化的发生，就应抢先采取行动，也就是说要**不怕失误，当机立断，立刻实行**。进行经营的并不止我们一家，也许别的公司也在酝酿着相同的创意。无论多好的创意，如果不能抢在别人前面付诸行动，对于顾客来说，就失去了新意和冲击力。

错过了时机，那么我们辛辛苦苦才想出来的创意就如同废纸。尽管我们也注意到了市场的变化，但却很有可能因为错失良机而失去了盈利的机会。

因此，"当机立断，立刻实行"非常重要。

警惕"报告文化"

有一种不良现象是与"当机立断，立刻实行"这一原则背道而驰的，那就是"报告文化"。经营者必须警惕这一现象。"报告文化"的主要表现就是，报告比行动多，每次会议报告资料都堆积如山。相关人员为了制作这些资料一定花费了不少的时间。出现这种情况就表明我们的执行力下降了，一定要提醒大家警惕。

正如在本章别的小节中所叙述的那样，计划和准备非常重要，但是有的人却对此存有误解，他们将写计划当作一种兴趣爱好。而且以做计划为骄傲，因自己写出了一个好计划而沾沾自喜，之后就将计划束之高阁，不了了之。如果公司对此放任不管，这样的人还会继续增加，进而逐步形成一种"报告文化"。

无法迅速应对市场变化的公司，大多是形成了"报告文化"的公司。

计划和准备虽然都很重要，但**理想的时间分配比例应该是行动占九分，计划占一分**。

将时间分配为行动占一分，计划占九分的人或许没有，但是按三七开、四六开来分配的人应该不在少数。

一旦发现了这种文化，经营者应尽力消灭它，并贯彻"当机立断、立刻实行"的原则。否则，公司将会被变化的大潮所吞没。

马上做，必须做，直到做好

我从日本电产株式会社社长永守重信先生那里学到了"马上做，必须做，直到做好"这一原则对于经营的重要性，获益匪浅。从迅销来看，当我们不能如愿获得成果时，只要观察一下公司就会发现，一定是迅销那个时期在"马上做，必须做，直到做好"这方面做得不够好。

光想不动。下决心行动，却不能坚持到最后，半途而废。这简直就是在浪费时间。

解决问题也同样要遵循这一原则。例如，我们店铺的工作出现了问题，顾客也给我们指出来了。可是，如果顾客下周再来时发现这个问题依然存在，那他会怎么想呢？

顾客可能会感到震惊，同时还会失望地想"这是什么店！"，我们将因此而失去这位顾客。而这位失望的顾客回去后，也许还会跟许多人讲起我们店的事。

有些顾客虽然嘴上不说，但却注意到了同样的问题，他们也将因此而不再光顾我们的店铺。而且这些顾客同样会把我们店铺里发生的事告诉给他周围的许多人。

失去一个顾客也就意味着我们失去了几十、几百、几千个顾客。如果没有迅速解决问题的行动力，就会引发这样的问题。

能够充分利用时间的人才能取得成功

将作坊式工厂发展为世界知名汽车企业的本田技研工业创始人——本田宗一郎先生也是一位非常重视速度的经营者。关于时间，他留下了一段意义深远的话，他是这样说的：

"上帝是不公平的，人生而有别。有的人出生在富裕家庭，有的人出生在贫穷家庭；有的人健康，有的人虚弱；有的人漂亮，有的人与美貌无缘……所有这些都不是他们本人能够决定的。

只有在时间上，人与人是没有差别的。任何人一天都只被赋予 24 个小时。反过来说，时间是人只有在出生时才能免费得到的，这之后无论花多少钱都买不到。

因此，**只有善于利用宝贵时间的人才能成为成功的人**。

既然被赋予的时间是相等的，如何赢得时间就成为成败的关键。

别的公司花三天才能做的事有的公司花一天时间就做成了，那么赢得时间的公司就是赢家。

越是早于其他公司实施新方案，就越有可能比其他公司更快地对市场做出应对。无论做任何事，迅速都是很重要的。"

创意、解决问题也同样要当机立断、立刻实行。

经营者如果忘记了这一点，就无法应对变化，就会使公司的经营陷入绝境。

相反，能够充分利用时间的经营者则能够将变化转化为机会。

日本电产株式会社

生产和销售精密小型轿车、普通轿车、机械装置、电子·光学零部件及其他产品。总公司设在京都，1973 年由永守重信创立，1998 年在东京证券交易所市场第一部上市，2001 年在纽约证券交易所上市。

第四节
现场、现物、现实

经营不能纸上谈兵

迅销有很多员工在进入迅销之前就已经在别的公司工作过，并积累了一定的工作经验，对于这些人，特别是他们当中有志成为经营者的人，我想给他们提个醒，那就是经营不能纸上谈兵。

有的人以为自己懂了就只在脑中空想着经营，这样做不仅提高了误判的风险，而且也使周围的同事不愿与他共事。

过去有句话叫作"在卖场一定能找到答案"，意思就是各项工作如果不置身于现场、现物、现实等实际情况中，不依据亲身的感受进行经营，就会脱离根本。所谓脱离根本是指辜负顾客的期待，失去同事的信任。结果必将使经营逐渐陷入僵局。

例如，有些人认为 MD 的工作只要与设计师做好企划，并制造出能让自己满意的服装就一切完事大吉了。与服装的销售业绩相比，他们更加在意的是能否做出让自己满意的服装。在服装界，很多 MD 都是带着这种想法工作的，但是这样的人并不是优秀的 MD。

一个好的 MD 在工作中应该做到：以商品为起点，同时还要关注向交易伙伴订货，商品实际进入店铺开始销售，直至销售到库存为零等所有环节。这里所说的关注并不是在一旁观察，而是与同事、部下甚至与营业部门及其他部门的人一起，真正介入经营活动的各个环节之中。有不懂的地方就向人虚心请教，面对真实的商品，身临现场与同事并肩努力直至商品售罄。

能够像这样重视现场、现物、现实并付诸行动的人才是优秀的 MD，也只有这样的人才能培养出优秀的 MD。

而且，只有像这样在现场、现物、现实中工作，并亲自介入整个经营过程的人，在取得成果时才能体会到更多的喜悦和成就感，才更能从工作中获得快乐。

工作绝不仅仅是下达指示

在优衣库刚开始挑战摇粒绒时，我们希望以1990日元的低价格生产出高品质的摇粒绒，但这在当时确实非常难，最终生产出的都是些质地粗糙的产品。

当我就此事询问负责人时，得到的答复是："我曾在电话中多次向中国的工厂下达指示。"

于是，我对他进行了严厉地批评："光打电话下达指示怎么行！中国的工厂是我们的合作伙伴，只有你亲自到现场，实际面对产品，和他们一起努力，才能解决问题。"

他们到中国的工厂后才明白，原来当时工厂的工人都抱着这样的想法："我们已经很认真地做了。你们为什么还要发出那样的指示？"因为产生了这种抵触情绪，所以无论接到多少次电话下达的指示，工人们都左耳进右耳出，并没有落实到工作中。

很多人都错误地认为：只要下达了指示别人就会按指示去做，下达了指示后自己的工作就结束了，自己该做的事就做完了。其实，如果自己下达的指示对方并没有执行的话，那就等同于自己什么工作都没做。

摇粒绒的例子告诉我们，**越是复杂的问题，越要本着现场、现物、现实的原则去面对，否则问题就不可能真正得到解决。**

亲临现场工作的好处

如果你想成为经营者却又苦于不知如何经营，那么你就应该到现场去看看。特别是卖场，那里往往有你需要的答案，所以深入卖场不失为一个好方法。

只要你到了店铺，顾客自然会把问题告诉你。比如，他们会问：

"这种商品没有这个尺码吗？"

"为什么没有这样的商品呢？"等等。

顾客会告诉我们很多重要信息。如果我们能够认真倾听，而不是视之为过眼云烟的话，我们就一定会有很多发现，比如，自己做得不够好的地方、欠缺的地方，甚至潜在的商机等。所有这些都是我们求之不得的。

而且，我们还能了解到是什么样的顾客在购买我们的商品。身处卖场，你就会发现优衣库的顾客都是些素质很高的人。

他们不仅非常了解服装，而且对服饰着装还有所研究。

如果我们不了解这些情况，就很容易武断地认为优衣库的顾客大多不讲究穿着、品位不高，并以专家自居，以居高临下的姿态看待顾客。这终将导致我们所不希望看到的结果。

有些人仅凭账簿上的数值就下达并无实际根据的指示，这样做本意虽然是好的，但结果却往往事与愿违，反而会使现场的情况更糟，甚至造成混乱，最终导致公司利润受损。

不能仅根据看到的数值，就坐在办公桌前下达"为什么做不到？""为什么不按我的指示来做？""赶快行动！"等指示，工作不是这样做的。

如果问题没能解决，一定是在某个环节上出了毛病，这时，必须本着现场、现物、现实的原则进行确认，如果不能与相关人员一起共同努力的话，问题就不可能真正得到解决。

例如，当店铺里商品的陈列量不足时，如果只依据账簿的数值，就会对现场的人发火并再三下达命令："再多进些货！"这样做其实跟没做一样，只会增加现场人员的疲惫感而已，甚至带来更糟糕的结果。

这时，就需要自己通过现场、现物、现实进行确认。也许实际情况并不是你居高临下所认为的现场消极怠工，仓库其实已经满满当当了。

出现这种情况时，就要与店铺员工一起共同思考如何做才能使店铺达到理想的状态，并致力于问题的解决。

例如，或许可以把暂时无须在店铺陈列的商品转移到别的仓库，又或许应该增加仓库的人手。根据具体情况，每件事的解决方法都是不同的，但是只要本着现场、现物、现实的原则进行确认，就一定能够找到实际有效的解决问题的方法，使店铺达到理想的状态。

以上的例子虽然只是一个假设，但是如果真遇到这种数值呈现异常，问题又迟迟得不到解决的情况，那就**不能总是坐在办公桌前思考**"为什么会出现这样的问题呢？"而要亲临现场，亲自对现物、现实进行确认，或者亲自参与操作，采用这种方法，在多数情况下很快就能找到问题的根源所在。

而且，如果能够坚持采用这种方法解决问题，并积累了足够的经验，这时，再看数值，我们就会产生某种直觉，凭借直觉我们可大致猜测出"大概是这个环节出问题了"，同时，我们还会产生很多有助于解决问题的灵感、创意。相反，如果我们不采用这种方法解决问题，那么，所谓的灵感、创意将永远只是一纸空谈，始终无法与实际的经营挂上钩。

"现场、现物、现实"是我们必须遵循的原则，只有立足于实际情况进行经营，才能成为强大的公司。

第五节
集中解决问题

舍弃的勇气，集中解决问题所需的自信

一旦认准的事，就要集中所有经营资源去做。作为经营者，要想在经营上获得成功，这一点非常重要。

最理想的经营是仅凭借某一种商品就能获得极高的销售业绩。

这是最高效，也是最赚钱的方式。

正如我在前面的"迅速实行"一节中已经讲过的，当今世界的瞬息万变使这个世界变小了。只要能生产出全世界公认的好产品，我们就能以前所未有的速度引领市场。这样的机会，已经越来越多地展现在我们面前。

典型的成功案例之一就是苹果公司。

市场咨询机构明略行（Millward Brown）公布的数据显示，苹果公司在2011年的全球品牌价值排行榜中位居榜首，可是即便要将iPod，iPad等苹果公司的拳头产品全都摆出来，一张小桌子也足够用了。

可见，苹果公司正是将所有经营资源集中于他们自信能够畅销的商品上，并通过这些商品的热销而大获成功的。

此外，他们还在商品的设计和功能上极力追求简洁的风格。

那么，他们的商品是否显得有些单调乏味呢？恰恰相反，可以说他们是将简洁做到了极致。出色的设计和无与伦比的使用体验最终使他们的商品风靡全球。

迅销希望在服装领域实现的目标，在数字和移动计算机领域中已经实现，我们从中可以学习、借鉴很多东西。

我在《福布斯》杂志中看到过这样一篇文章，文章中说马克·帕克在刚就任耐克公司CEO一职时曾向苹果公司的创始人史蒂夫·乔布斯取经，当时乔布斯是这样回答的：

"耐克公司有几种商品是任何人都想拥有的全世界最好的商品。

但是，也有很多并不出色的商品。应该舍弃这些平庸的商品，将经营的重点集中在最好的商品上。"

据说帕克听后静静地微笑，而乔布斯却表情严肃，并没有笑。

与集中相比，很多人更倾向于选择分散。他们虽然明白集中的重要性，但同时又担心将经营资源集中在一种商品上之后，那种商品却出现滞销的情况，出于这种考虑他们最终往往选择分散。之所以做出这种选择是由于他们对要集中经营的商品缺乏自信。

因为缺乏自信，所以选择分散。

但是，**顾客是不容小视的。他们拥有很强的洞察能力，能够分辨出哪种商品是商家缺乏自信的商品。**对于商家缺乏自信的商品，顾客不仅心知肚明，而且绝不会购买。

最终，分散经营资源生产多种商品，结果只能给公司造成损失，而且因为效率低下还会抬高成本，不仅赚不到钱，甚至会使企业大伤元气。反倒有可能带来经营的恶性循环。

因此，我们应该集中力量生产令我们自信的、最高标准的产品，同时舍弃那些不尽如人意的商品。另外，对于那些我们认准的至关重要的产品，还须集中投入更多的经营资源，使之成为其他公司无法超越的产品，并不断改进直至我们的产品能够令顾客发出"完美得令人难以置信！"的赞叹。

以上这些经营理念，**其他经营者似乎也能想到，但却做不到。因此，机会只属于愿意付诸实践的经营者。**

问问自己假如不去做将会怎样

真正必须集中力量去做的事情是什么？这段时间内绝对要做的事情是什么？如何才能从众多的事情中筛选出为了生存和发展自己必须做的事呢？

这里面有一个诀窍。

那就是**试着自问自答："如果不做这件事会怎样？"**

对于那些即使不做，从全局来看也并非什么大问题的事，还是不要浪费时间去做的好。

但是，那些**如果不做就会给公司造成致命打击的事，如果不做**

就绝对会输给竞争对手的事，如果不做就有可能使公司失去飞跃发展的机会的事，是必须要去做的。不要分散精力去做太多的事，只要集中力量做好这些至关重要的事就可以了。

这样的大事必须集中所有资源竭尽全力去做，否则就无法取得真正的成就。如果以对小事投入的资源和精力去做大事，结果必将一事无成。

人的能力和时间都是有限的，尤其是时间更是如此。如果真想取得巨大的成绩，就必须像上面所说的那样把握好工作的先后顺序，否则就只是一味地瞎忙，却得不到预期的成果。

工作并不是优先做容易做的和自己擅长做的事，而是要优先去做那些不做就会造成严重后果、做好了就会带来显著效果的事，集中力量去做这些要优先做的事是非常重要的。

同样应集中与值得信任的工厂建立合作伙伴关系

经营资源要集中于我们认准的至关重要的事情上，这一原则也体现在我们与生产工厂的交往方式上。

我们只与和迅销拥有相同使命感的，能为我们生产出优质产品且值得信任的公司结成合作伙伴关系。

这也是集中解决问题的一个体现。一些不懂得经营的人总是认为既然要在全世界开设店铺，那就应该将生产工厂分散于更广泛的区域，这样才可以更好地降低风险。其实这种想法是完全错误的。

如果为了保证数量而与和我们没有共同使命感，且无法令人信任的公司合作，那么光是指导和管理就会使我们精疲力竭，甚至还有可能因产品质量出现问题而给顾客造成极大不便。那么，是不是只须投资进行指导和管理，生产工厂就能与我们建立起真正的合作伙伴关系呢？很遗憾，事实并非如此。

如果双方的追求不同的话，那么，即使花费时间和金钱，也很难产生共鸣、达成共识。

因此，我们应该集中资源与和我们使命感相同，值得信任的合作伙伴交往。当然，我们也须向对方表明我们的诚意。以诚相待绝对是提高经营效率的有效办法。

资金须谨慎使用并有所侧重

最后还要强调一点，那就是当我们要将经营资源集中到我们认准的至关重要的商品上时，还必须**综合考虑费用和效果之间的关系，这是铁的原则**。

也就是说，必须好好考虑我们花费的时间和费用是否能够带来相应的利润。

关于资金，很多人总是错误地认为我们已经是大企业了，资金充足，但是，抱着这种想法去经营是注定会失败的。

一旦资金充足，往往就忘了要想方设法节约使用资金，所以资金充足有时反倒是一件对公司不利的事。**经营者要养成在任何时候都以缺乏资金为前提，谨慎使用资金的习惯**，大家一定要牢记这一点。

只有产出大于投入，公司才能赚到钱。因此，我们必须用心思考怎样才能以尽可能少的资金投入创造出尽可能大的效益。

由此看来，集中使用资金也是十分重要的。挥金如土地胡乱使用资金自然不行，但为了节约资金而一律以百分之几的比例来砍掉支出也同样是不可取的。

节约的目的是要把钱花在刀刃上。因此，不能一刀切，而要经过认真思考，**对于那些不花钱也无大碍的事情就一分钱都不要花。反之，对于那些花了钱就能带来巨大效益，就能为公司带来飞跃发展的事情，则应该加倍投入资金**。

该节约的地方彻底节约，该投入的地方集中资金投入。这种张弛有度的方式才是经营者的用钱之道。

无论是战略还是合作伙伴、资金等方面，经营的原则都是只能集中，不能分散。

这其中同样蕴含着赚钱的真谛。

第六节
与矛盾做斗争

专业人士的工作价值

经营就是与矛盾做斗争。

首先，我们可以说，优衣库的服装本身就是与矛盾做斗争的结果。优衣库的服装一贯走简约路线。另外，由于它是服装，又需要让人产生憧憬，让穿着的人感到舒适。所以，作为服装的制造者，我们也希望尽可能在服装中注入新意和热情。

内在融入新意、热情，外在呈现简约风格，从某种意义上来说两者完全是相反的、矛盾的。但是，如果解决了这个矛盾，我们"Made for All"（为所有人制造）的理念也就能够实现了。

在上一节中我们举了苹果公司的例子，可以说他们的产品就是解决这个矛盾的代表性产品。

这里我再举一个服装制造方面的简单易懂的例子。我们都知道，要想做出好的东西就需要花费成本，但是，如果把这部分多花的成本追加到商品价格上会出现什么结果呢？

结果就是将使顾客远离我们而去。因为这种做法是在把我们自己的问题转嫁给顾客，顾客当然不会满意。

因此，如果真的想让顾客满意，我们就需要在提升产品质量的同时降低成本，以维持原来的价格，甚至把价格降得更低。

提升质量却降低成本，明显是相互矛盾的。

一般人都会认为"做不到"。

但是，如果有人因为觉得"做不到"就放弃，那他就还只是个门外汉。因为他和一般人所说、所做的没什么两样。

而我们是专业人士，我们是靠销售服装来盈利的，所以我们应该是专业的。如果作为专业人士的我们和一般人没什么两样的话，那么我们薪水的价值，存在的价值又在哪里呢？

据说，一流的酒店专业管理人员，绝不会一上来就说"做不到"。

他们会说"好的，我们试试看"，然后就想尽一切办法来解决客人提出的问题，直至圆满达成。

专业人士的工作方式就应该是这样的。**与矛盾做斗争，想方设法找出解决问题的办法。专业人士的附加价值就在于此，顾客的笑容也将因此而浮现**。

没有顾客笑容的地方赚不到钱。

矛盾越大，解决矛盾后顾客的笑容也就越灿烂，随之而产生的企业利润也就越高。

无论是摇粒绒、HEATTECH还是Gu店铺里990日元一条的牛仔裤，都是这方面的典型例子。

解决了矛盾就增加了机会

优衣库进驻东京市中心也是在与矛盾做斗争。以前在郊外开店时，顾客主要以看到广告宣传单后带着购买目的来店的人为主。所以来店里的顾客，百分之六七十都会购买东西。

但是，在东京市中心开店却不是这样。和带着目的来购买的人相比，这里的顾客大多数是抱着顺路进来看看、有合适的就买这样的动机来店的。

我们发现，最早开设在东京市中心的原宿店，来店顾客当中，只有20%的人会买东西。

而且，他们往往走入店铺后便四处寻找是否有自己感兴趣的东西，在把各种商品都过一遍手后，又会走到别的柜台去。其结果是需要我们花费大量人力去整理商品。

购买率低，但是商品整理的工作量却远远超出郊外店。这是一个很大的矛盾。由于场地租金比郊外店贵，所以不可能投入足够的人手来整理商品，因为那样的话就势必造成人工费的增加。这是一个非常让人头疼的问题。

但是，以当时的原宿店店长为首，之后又有多位东京市中心店的店长们参与进来，共同努力解决这个矛盾。在他们的努力下，东京都市内中心店的经营方式慢慢进步，为后来开设的市中心大型店——银座店和SOHO纽约店打下了基础。

不解决矛盾，就没有下一步的成长。

矛盾与挑战是如影随形的。因为进行挑战时所面临的矛盾都是自己第一次经历的，所以往往让人不知该如何应对。

此时，你是哀叹"太难了""这样的话根本干不下去"，然后就此放弃，还是努力去思考解决问题的方法呢？这将成为决定将来能否成功的一个很大的分水岭。

大多数人都选择前者，也就是说，那个市场没有挑战者，或者即便有也都已经知难而退了，因此，那个市场仍然是个空白。

所以，只有**不放弃挑战，顽强拼搏，努力寻找解决的办法并坚持到最后的公司，才能创造市场**。

矛盾解决之后，将有更多更大的机会等着你。

发现真正的问题，从根本上解决问题

下面我想和大家讲讲解决问题的方法。

其实，只要进行经营，这样的矛盾都会或多或少的存在。

此时，轻言放弃当然不可取，但同时也要注意，**绝不能采用治标不治本的办法来解决问题**。

一般来说，如果只解决了表面问题，没有触及问题的根源，问题就不可能真正得到解决，同样的问题将来还会以各种不同的形式出现。

例如，在新开张的店里和为了提高营业额而苦苦奋斗的店里，店员们都很辛苦。因此，有些经营者就想通过给店员涨工资的方式来提高他们的干劲。

但是，这也只是个治标不治本的办法而已。即使给店员涨了工资，营业额恐怕也不会增加。而且，即使涨工资可以提高他们的干劲，那也只是短期效果，不难想象，将来如果再发生什么事，他们还会要求涨工资。

涨工资的前提是先提高营业额。这就是经营的基本道理。

而且，作为经营者，不能遇事就想通过钱来解决，如果想通过提高员工的干劲来提升营业额，就要认真思考采取什么措施才能从根本上解决问题。思考时，可进行这样的自问自答：

"是不是因为缺乏高度一致的目标和理想？"

"是不是因为员工教育做得不够好？"

"是不是因为还不能敞开心扉说出真心话？"

"是不是因为我太独断了，只把员工当成操作员，一味地支使他们干活儿？"

"是不是因为员工已经很努力了，但却没有得到犒劳和表彰？"

通过这种自问自答的形式，来挖掘问题的本质并采取行动。解决问题不能见招拆招，而是要先去发现问题的根源所在。

然后再去把它解决，这才叫解决问题。

否则，就变成了打苍蝇，总在相同的地方挥拍，徒然耗费了时间和体力，却完全没有效果。

第七节
做好准备，执着于成果而非计划

准备工作的重要性

要想保证经营的正常运转，就需要重视准备工作。所谓准备就是指计划、安排。为了能使经营顺利进行，事先妥善地做好准备工作是必不可少的。

例如，在店铺陈列商品，我们要在顾客正好想要的时候，准备好顾客想要的东西、想要的数量，并且最后正好全部卖光。要做到这一步，就必须好好做准备。

例如，由于没有做好某个商品的销售计划，导致中途不断追加订货，结果我们不能在顾客需要的时机提供顾客所需数量的商品，造成中途缺货现象。

此时，即使该商品的销售额高于前一年，这也不能算是一次成功的销售，必须进行反思。

我们要意识到这是由于我们准备不足，必须对今后的销售计划做具体的修正，比如，该在什么时间点订货，该在什么时间点使用广告宣传单，等等。作为经营者，要想实现高效盈利，必须像这样，提高事先准备的能力。

实际上，经营者的准备不足也会给顾客造成不便。比如，顾客走进店里购物，却没有找到自己想买的颜色和尺寸。这是很令他们恼火的一件事。

如果顾客是因为看到广告宣传单而专程过来的，或者是为停车而等了好久才进店里的，当他看到自己想买的东西没有时，会是怎样的心情呢？如果站在顾客的立场上想一下，你就会理解。

也许，制作人员或者销售人员会觉得"只不过就是一种货品的小问题而已"。但是，如果真发生了这样的事，错失的不只是这种商品的销售机会，甚至会失去顾客对迅销的信任。

不妨设想一下，如果发生这种事情的次数太多、频率太高，我们会失去多少顾客的信任呢？

商品的销售基于相互信任。得不到信任，公司就不会有未来。

不重视严密准备的能力及做计划的能力将会招致意想不到的后果。

深入思考，直至成功的画面浮现于脑海

当你为进行准备而做计划时，你是否只是机械地在纸上写计划？其实，这种机械的手工作业没有任何意义。

做计划最重要的是要使成功的画面浮现于脑海。

"这样做的话将会出现这种结果。"

"进行到这个阶段也许会出现这样的问题。"

"这个时候，在这方面做好控制是问题的关键。"

不断摸索，直至上述想法像图画一样浮现于脑海里，直至成功的画面清晰地呈现于脑际，通过这个画面你可以知道"这样做一定能够成功"。

进行深入的思考，直至成功的画面浮现于脑海是一个很重要的过程。这才是真正地做计划，否则就仅仅是手工作业而已。

所谓成功的画面浮现于脑海的状态，并非指按计划将数值和预想简单地罗列一遍，而是要深入思考直至成功的画面像故事情节一样浮现出来。

某位教育家曾说过："在运动员中，冠军或是破纪录的选手，在他们获胜或是破纪录之前，脑海里都曾冒出过类似的画面。"

经营者也一样。在做什么事之前，必须认真思考，直到"这样做一定会成功"的画面在脑海中呈现为止。在这个画面出现之前，我们必须冥思苦想寻找可行的方法，并将想到的方法落实到具体的计划中。

如果缺乏这一认真思考的过程，光靠动手尝试是很难取得成功的。

不要执着于错误的东西

前面我已经向大家介绍了准备的重要性。准备并不是单纯的手工作业，在准备阶段必须进行深入思考直至成功的画面浮现于脑海，这一点是非常重要的。

下面我要讲的内容，听起来似乎和我之前讲的有些矛盾。这部分的内容也非常重要，所以请大家一定好好理解。

这就是"**在推进某项工作时，计划虽然很重要，但是却不能过分执着于计划**"。

做计划、做准备很重要。但是，一旦做好计划进入实施阶段，我们应该坚持的就不再是纸面上的计划，而是计划中设定的"成果"。

花了很大力气做成的计划，我们往往容易陶醉其中，并固执地希望不折不扣地按计划进行，但是，大家千万不要犯这样的错误。

只有最终的成果才是我们必须执着追求的，除此无他。

如果情况发生了变化，要想获得最终成果就必须放弃原有计划，那么，不管那是一份你写了多少页的计划，都要毫不犹豫地放弃。

所谓计划就是要随着实际情况、竞争对手的情况以及公司情况的变化而不断修正的。

下面是我们经常举的一个例子，优秀的 MD 和平庸的 MD，他们之间的区别到底是什么？

以能够不折不扣地执行原定计划为傲，并要按计划做到底的 MD，不是合格的 MD。

这个世上没有什么事情是完全按照我们当初制订的计划而发展的。

这个世界不是恒久不变的，我们必须立足于这个前提，对自己的判断和行动尽早地进行修正。

"当初的计划虽然是这样的，但归根结底我们本季要达成的是这个目标，所以，应该对这个商品和这个数值做这样的调整。"

优秀的 MD 都是能够预见到变化，并能像这样及时对计划进行修正的人。

因此，真正优秀的 MD，在一季结束后，你再看他的工作就会发现，当初的计划与他实际所做的事情是不同的。尽管没按原计划行事，但最终获得的成果却与制定的目标是一致的。

这个世上往往越是聪明优秀的人，越容易对自己的计划过于坚持，而最终只能是与他们的计划一起毁灭。

我们是以现实为对手进行经营的，因此我们应该更加重视商人"识时务"的智慧，而不是官僚的智慧。

第二章　自我训练

训练 1

请针对章中，各种经营者养成所必备的项目，进行自我评价。
以半年一次的频度，定期进行自我评价，进行经营者养成的自我成长管理。
（下表为 3 年份）

赚钱的能力	年月	年月	年月	年月	年月	年月
1　从心底希望顾客高兴						
2　日复一日，完成好必做的工作						
3　迅速实行						
4　现场、现物、现实						
5　集中解决问题						
6　与矛盾做斗争						
7　做好准备，执着于成果而非计划						

自我评价：
○ = 有达到本书所记载的水准
× = 未达到本书所记载的水准

训练 2

举出做得最好及做得最不好的项目，并写下依据。
以半年一次的频度，定期进行自我分析，进行经营者养成的自我成长管理。
（下表为 3 年份）

		做得最好	做得最不好
年月	项目		
	依据		
年月	项目		
	依据		
年月	项目		
	依据		
年月	项目		
	依据		
年月	项目		
	依据		
年月	项目		
	依据		

第三章

建设团队的能力

经营者是货真价实的领导者

第一节	建立信赖关系：既是万行之始，亦是万行之本
第二节	全心全意、全身心面对部下
第三节	共享目标，责任到人
第四节	交托工作并予以评价
第五节	提出期望，发挥部下长处
第六节	积极肯定多样性
第七节	抱持最强烈的取胜欲望，坚持自我变革

第一节
建立信赖关系：
既是万行之始，亦是万行之本

经营是团队作战

无论经营者自己多么能干、多么有干劲，一个人能做的事毕竟是有限的。

例如，面对每天来店的顾客，所有商品的出货、接待顾客、整理商品、收银等工作，一个人做得过来吗？

陈列于店铺的各种各样的商品，它们必需的企划、设计、制版、缝制、捆包等工作，是一个人能够完成的吗？

与此同时，还要去世界各地开拓工厂、建立合作伙伴关系，这一个人做得到吗？

即便是那些自认为很优秀，能为人所不能为的人，如果你让他把上面这些工作内容写在纸上，他就会发现其实**一个人能做的事真的很微不足道**。

经营毕竟还是要由团队来完成的。如果一个经营者不具备创建团队、运作团队的能力，不努力提高自己在这方面的能力，那他就什么也做不成。

即使经营者拥有革新的能力、赚钱的能力，但如果他不具备建设团队并领导团队的能力，他也做不成什么大事。

自私的领导者无法创建成功的团队

那么，创建团队的必要条件是什么呢？

为了让大家易于理解，我首先谈谈什么样的人不能胜任领导工作。

不能胜任领导工作的人都是只想着让自己获得成功的人。

领导者必须是能够带领团队走向成功的人。

大家是否也这样看？这一点非常重要，领导绝不能只让自己获得成功。

真正的领导者能够和团队成员共享目标,与大家同甘共苦、真诚相待,并站在最前沿引领大家冲锋陷阵,能够使团队的每个成员都能充分品尝到获得成就、自我成长及自我实现的甘美。同时,自己也能够因此而品尝到成就感,并收获自我成长和自我实现的满足感。

这是一条看似简单、但却非常重要的定义,如果你是经营者,我希望你千万不要忘记它。

领导者的一言一行如果只是为了一己之利,那么很快就会被大家看穿。于是谁也不会再去认真贯彻你的要求了。

这样的人只是将团队成员当成自我实现的工具而已。既然是工具,就不会委以重任,而是想自己独占全部成果。

而且,这样的人还误以为,只要自己下达指令,团队成员就会任劳任怨地完成工作。

如果**这样来当一个领导者,就没有哪个团队成员还会满怀热情地去对待工作了**。

他们会抱着"成败与我无关"的心态来工作,认为"既然你把我们当成打酱油的,那你就一个人干吧,责任也是你一个人扛"。

带着这样的心态去工作,本应充满主动性的工作就变成了机械的操作,更别提对顾客的关心了。

这样的组织并不能称为团队。团队并非仅仅是一群人的集合,而是领导者和成员、成员和成员紧密联系在一起,大家朝着共同目标奋斗的一种状态。

所以,无论多少个人集合在一起,如果缺乏团队的状态,都将一事无成。更有甚者,出不来成果,却徒增了成本,这样的组织恐怕坚持不了多久。

信赖才是一切

那么,要想建设团队,对领导者而言最重要的是什么呢?换句话说,什么是从始至终都至关重要的呢?

那就是信赖。

身为领导者的你，如果得不到团队成员的信赖，即便你有再出色的思路、再辉煌的经历，团队成员都不会从心里接受你，都不会产生追随你一起奋斗的意愿。

即使你发火，对方也不过就是心里念叨着"又开始骂人了"，然后为了早点脱身，嘴上"好的，好的"地应付一气，但却不会真心接受你的批评并愿意去改正。

反之，即使被你表扬了，对方也不会太高兴，只会觉得"不过是想哄我高兴罢了"。

如果**人与人之间如果缺乏信赖，就不可能相互理解**。

构筑信赖关系的基本原则

那么，如何才能与团队成员建立起信赖关系呢？

有些人认为，重要的是领导者自身要有能力，并且要让团队成员觉得你的专业水平非常高。

可是，在很多团队中却经常发生这样的事："尽管他很优秀，但是我却不愿意追随他。"

虽说有能力是很重要的条件之一，但**因为领导艺术是产生于人与人之间的，所以源自人性更根本的东西才更为重要**。

其实，构筑信赖关系并不是一件简单的事，所以第三章整整一章我们都在阐述这个问题。

我认为，在得到了他人的信赖的基础上，还有一样不可或缺的基本原则。如果缺少了它，无论你做什么、怎么做，效果都微乎其微，只能浮于表面却无法触及本质。

这就是：你是否是一个言行一致、始终如一的人。

言行一致

承诺了，就要遵守。

如果你对部下说到了梦想，那么你就要比任何人都认真地去追寻它。

如果你对部下说了"让我们把该做的事情做好吧"，那么你就必须身先士卒、率先垂范。

如果你说了"让我们更好地配合共同携手奋斗吧",那你就要第一个显示出与大家全力协作的姿态。

如果你说了"要以最高标准为目标",那你自己就必须这样去做;如果你说了"我们要打破常识",那你就要以这样的姿态来工作,欣然接受部下超出常规的想法。

如果你做不到这些,那谁还会相信你呢?

一个言行不一的人,是根本不可能令人信任的。

但是请不要误会,我的意思并非要求领导者都成为全能的超人。其实,团队成员中比你更有创意的人应该不在少数,有些你做不好的事别人却可能轻松完成。所以,我并不是要求领导者在所有领域都拥有高人一头的能力。

我只是想提醒你问问自己:**"对于你自己说过的话、承诺的事,或者对于你正在说的话,你是否是那个最忠实的践行者?"**

团队成员**并不是一群领导说什么就信什么的人,他们会听其言,然后察其行,最后再决定对方是否值得自己信任。**

始终如一

还有一点也很重要,那就是你是否能做到始终如一。

对你自己的信念、你信奉的价值观以及你追求的东西,不要动摇,更不要轻易改变。

对于这一点,我也希望大家不要误解,为了实现目标而采取的具体方法和行动应与时俱进,必须根据形式的变化而改变。

但是,最终的目标、你崇尚的信念和价值观始终都不能改变。这里面具有一种普适性。说得再深入一点,从这里可以感受到一种很强的道德观、社会性以及客观事物的一种真实性。也就是说,这是一种与追求真善美相类似的价值。

只有能够将这些视为自己核心价值的人,才有可能得到对方的真正信任。

有些人仅凭自己的一时之念或是对方的身份就改变自己的态度和承诺,因得失而轻易改变自己的想法和为人原则,自己的想法经常发生动摇,却还用"那时候我是这么想的,但是现在……"来为自己辩解。

这样做事和做人的人，最终必将失去他人的信任。

言行一致、始终如一，这是人应有的品质。换句话说，由此可以看清一个人的诚信度。

如果构筑不起信任关系，就无法建设团队。因此，对于领导者而言，最关键的就是要构筑信任关系。请大家不要忘记，团队成员对你的认识，就是从你日常的一言一行中品味出来的。

第二节
全心全意、全身心面对部下

人只有在别人百分之百尽全力对待他时，才会改变

如果不能建立起牢固的人际关系，组织就几乎不可能发挥作用。这里所说的人际关系也就是我们在第一节所说的信赖关系。

建立牢固人际关系的第一步，就是作为领导者要以诚信为本，言行一致、始终如一，这一点非常重要，是任何时候都必须重视的。

那么，确立了这种根本原则之后，在直接与每一个部下相处时，做到什么程度才算好呢？这是人们经常会问的问题。

答案很简单，那就是百分之百。

领导者在作为上司与部下相处时，要全身心对待部下，只有这样部下才会接纳你，除此以外没有别的办法。

所以说，该与部下相处到什么程度并没有一个标准，重要的是要全身心对待部下。否则你就不可能使他改变，也不可能真正打动他。

不要妄想只通过浮于表面的交往就能改变一个人，这在人际关系上是不可能发生的事。

站在部下的立场上认真倾听

那么，所谓全身心对待部下，具体地说是要怎样做呢？

最重要的就是，要真正为对方着想。

有些人能让对方体会到"他是真正为我着想才这么做的"，那么，他们是通过什么方式与对方交往的呢？

不妨结合自身的经历回想一下。他们到底是什么样的人呢？

是的，一定是**能够站在对方的立场上，顺应对方的思维方式，感同身受地倾听对方心声的人**。只有这样去倾听对方的心声，对方才会觉得"这个人或许能够理解我"。

每个人对事物的看法、想法、感受、立场、经历以及性格和感情等都是不一样的，如果我们不能顺应对方的情况来倾听，是不可能收到好效果的。

正因为每个人的情况都是不同的，所以我们只有站在每一个人的立场上，顺应并理解每一个人的思维方式及情感，他们才会认为我们在认真倾听他们的心声。

如果你不能以这样的态度去与对方交流，就不可能被对方接纳，对方会认为"即使说了，他也不会理解"，并往往因此而不说出他们的真实想法。

调动自己的所有资源，思考怎样做才是对部下有益的

在认真倾听部下的心声之后，还要用心理解并接受部下。但是，这并不等同于部下说什么是什么。

所谓用心理解并接受，是指针对部下所说的话，运用自己所有的经验、知识和能力进行分析，考虑应该如何给他提出最好的意见和建议。

如果部下的想法不对或是过于简单，那就必须指出他的想法哪里不对，或是哪里过于简单；如果想让他从不同的视角来考虑，那就需要给他一个从不同视角考虑的提示。

有时还要与他们产生共鸣，并分担他们的烦恼。

有一百个人就有一百个正确答案。我们必须认真考虑这一百个答案。

其实，部下是很敏感的。他完全能看穿你是真为他着想还是仅仅出于上司的立场才这么做的。

有些人任何事都讲逻辑，他们喜欢说："从逻辑上来讲，这件事的情况是这样的，所以应该这么做。你必须这么做，你必须理解。"而且还认为这就是上司与部下的交往方式。

如果这逻辑是对方的逻辑还好一些，但那些人在这么说时往往都是按照自己的逻辑，我行我素地行事，而且绝无通融的余地。这样做后，他们还认为自己已经尽到了上司的职责，认为自己做得无可挑剔。甚至还因自认为在逻辑上赢了部下，占了上风而沾沾自喜。

其实，在逻辑上赢了部下又如何呢？上司的自我满足其实对于经营并没有任何帮助，重要的是如何去感动部下并使部下发生改变，这才是上司应尽的责任。

但是，人不是那么容易就能被感动的。人一般不可能在听完上司的一番逻辑之后，马上就在内心完全接受上司。

要想让部下接受自己，就必须让他觉得你是能够理解他的境遇和情感的人。

为了做到这一步，在实际工作中你必须站在对方的立场上，努力去理解对方的思维方式和情感模式。除此之外没有别的办法。

不难想象，这么做是需要花费相当大的精力的。

这不是只花 30% 或 40% 的精力就可以做到的事。不花费 100% 的精力绝无可能做到。那些没能与部下建立良好的互信关系或是在与部下的关系上失败的人，都是因为只想付出 30% 或 40% 的精力去应对。

对于那些如不集中并耗费 100% 的精力就不可能取得成功的事，你必须花费 100% 的精力去做，也就是需要全身心投入。

时而做"魔鬼"，时而做"菩萨"

另外，还有一点很重要。

那就是，如果真为对方着想，身为领导在实际工作中就必须时而做"魔鬼"，时而做"菩萨"。

领导的工作就是要让部下的未来一片光明。

因此，如果真为部下的未来考虑，就必须如魔鬼般对其进行严格的指导，直至其能够胜任某项工作。如果在这时看似善解人意地对部下说"不必非达到那个程度"之类的话，或许当时可以皆大欢喜，但部下的未来却可能因此而变得一片黑暗。

如果部下以低标准来要求自己并因此而自我满足，那你必须做"魔鬼"，毫不客气向他指出"你失败了"。

而且，还必须做一个为部下设立一个又一个目标，向部下提出越来越高要求的"魔鬼"。

因为如果不这样做，团队就无法取得成果，不能取得成果，未来就会变得越来越黯淡，并将最终失去未来。

做"魔鬼"有一点至关重要，那就是不能因为不喜欢某个部下就严格要求他，也不能感情用事，凭自己的心情去做，而是要让部下明白严格要求他是为了让他拥有一个美好的未来。

这无须时刻挂在嘴边。只要你真是这样想的，部下一定能感受得到。也许有时由于部下不能马上理解而被部下在背后骂，但是将来总有一天会得到他们理解的。

话虽如此，但现实中确实也存在没能得到所有人理解的情况。这时，你要坚信"将来他们一定会理解的"并坚持去做。虽然也许得不到一句感谢的话语，但是你要明白你并不是为了获得感谢才去做的。只要自己现在扮演的"魔鬼"角色能给部下带来一个光明的未来，即使得不到感谢又有什么关系呢？

毕竟重要的不是领导的自我满足，而是部下的未来。

另外，如果你只是"魔鬼"的话，部下不会追随你，也得不到成长。所以，当你认为部下做得不错，或者比以前有进步时，你就要做"菩萨"，好好地表扬他并对他的工作予以认可，这同样非常重要。

只有这样，才能使部下感受到自己没有白承受"魔鬼"的折磨，自己的努力是值得的，也才能因此而理解领导如"魔鬼"般严格要求自己的一番苦心。

作为"菩萨"，仅仅表扬部下，对部下的工作予以认可是不够的，还应关心部下的健康状况和家庭情况，这种关心也是"菩萨"应有的一个侧面。

一方面在平时工作中像"魔鬼"一样严厉，另一方面又对部下的事如此关心。只有这样的领导者，才能激发部下的干劲，使部下愿意为不辜负领导的期望而努力工作。

要想做一个成功的领导，你就必须能够体察他人的苦处，对人性以及与他人一起工作的真谛等有所领悟，而且你的职位越高，对这些事情的领悟就要越透彻。

与他人一起工作并非一件简单的事，光靠表面的东西是很难把工作做好的。

对于这一点，光理解是不够的，还须通过实践亲自体会。

领导与部下的相处都是在实际工作中进行的，所以如果只理解理论，而不去实践，就没有任何意义。在实践中体会才是至关重要的。

在这里我想告诉大家的是，你们必须通过"实践→自问自答→再次实践"这一过程来进行体验，并反复重复这一过程，直至与部下的相处之道已经成为你们的一种身体本能，成为你们的习惯。

第三节
共享目标，责任到人

只有反复传达目标，才能共享目标

工作都是由团队合作完成的。只有团队成员齐心合力才能取得成果。因此，**对于一个团队而言，首先要做的就是目标共享，即让所有成员都清楚自己的团队到底是以什么样的成果为目标的。**

如果这一点不明确，团队成员就不明白自己到底为了什么而工作，于是工作就变成了机械的操作，而且，也搞不清楚是否达成了目标，自己这么做是否为公司做出了贡献。在这样的状态下，成员是不可能充满干劲地来工作的。

类似的事情在体育界我们经常可以看到，有的运动队让人感觉"他们的心是散的"，比赛里每个队员各自为政，懒懒散散，完全没有全身心投入的感觉。这样的队伍自然战胜不了对手。而且，即使输了，也没有人感到懊恼，把责任推到某个人的头上就算有了交代。

其实经营也是一样的。如果没有一致的目标，公司就会变得和这个运动队一样。

因此，为了建设好团队，领导者必须努力明确团队的共同目标并与每一位成员共享。

有些人对目标共享存有误解，他们只是在年度的开始或是事业刚刚起步时把目标传达下去，然后就把它往墙上一贴，再也不去理会。还有些人只是机械性地把目标读一遍，并没有把它变成自己的语言，没能真正理解。

很遗憾，这样做是无法使所有成员目标一致的。没有哪个人仅仅听一次就能真正理解。当然，在那个瞬间他也许以为自己确实明白了，但一陷入繁忙的日常工作就会忘个精光。

因此，**要想做到目标共享，就需要不厌其烦地一遍又一遍地向成员传达，直到所有成员都能够理解团队的共同目标。** 当团队成员能够用自己的语言对其他人充满热情地描述这个目标，或者大家自发地为实现目标而开始行动的时候，我们才可以说："大家已经真正理解了目标"。

只有做到这种程度，才算实现了目标共享。要做到这一点，只能依靠领导者的反复传达，没有其他捷径。

通用电气公司的前 CEO 杰克·韦尔奇曾经说过这样一句话："一天当中，我会一遍又一遍地强调公司的目标，有时说得连我自己都烦了。"

被誉为"管理大师"的杰克·韦尔奇为了使团队成员共享目标尚且如此努力。对于立志成为经营者的人来说，当然需要比他多付出几倍甚至几十倍的努力。

可以说，正因为韦尔奇将这种做法一直坚持到了退休，所以他才赢得了"管理大师"这个称号。

责任必须明确到个人

并不是说只要目标一致就可以了。**团队作战的基础就是每个成员都要担负起各自的责任。**

关于这一点，还是用体育比赛来说明可能会比较好理解。例如，棒球的二垒手总是出错，或是投手投不出好球，总是投出四坏球。要是做不好自己的分工，那就别指望赢球。别的选手也不愿意和你并肩作战了。

各个成员都必须担负起自己的责任。这是进行团队作战的基础。

因此，每个成员都要从拥有强烈的责任意识做起，必须清楚哪些工作是自己的责任。

责任意识的形成，最重要的是要明确"这个工作是谁的责任"。

明确责任，也就是所谓的"一人一责"。

由团队来负责的方法是不可取的。即使是团队一起来做一项工作，也要明确"责任的主体是谁"。不把责任明确到个体，最后的结果就是无人负责的体制。

只有把责任明确到个人，才能真正地负起责任来。

人都是这样，如果是几个、几十个人一起做，那么谁都不会觉得这是自己的责任。全体责任、团队责任，听起来挺好听，但后果却是没有人会带着强烈的责任感去工作。

可以说，没有责任就不会有成果。

让本人去思考如何工作，是责任感产生的根源

那么，如何才能让成员们带着责任意识去工作呢？

方法就是，让他自己思考让他自己动手，这一点非常重要。

别人下达了指令，就按别人的指令去做；上面部署了工作，就按上面的部署去完成。这样的工作，没人会真把它当成自己的工作来做。

这个世界上，没有人会高高兴兴地去做别人的工作。除非他认为这是他自己的工作，否则他既不会认真，也不会产生责任感。做真正属于自己的工作，这是人们积极主动工作的原动力。

原动力有了，人自然就会努力，并产生以高标准去完成的决心。

但是，如果不了解人或组织的本质，就会陷入管理的误区。为了更好地进行管理，该做什么工作全部由上面指示，甚至工作方法也要由上面决定。这种方式乍一看仿佛效率挺高，其实却无法激发员工的工作热情，因此员工也不想去追求更高效的工作方法，结果效率反而会更低。

没有责任感，也就不会去追求更高的目标。最终，也就不会有高效的产出。

因此，多让本人去自由地思考，尽可能对他下放权力，结果会更好。因为这样一来他会把工作当成自己的工作来做，也便于追究责任。

因为他觉得这是自己的工作，对工作抱有强烈的责任感，所以，即使出现问题被追究责任，他也会带着一股绝不服输的劲头，想方设法去补救，并能够坚持不懈地努力，最终获得令上司刮目相看的成绩。

如果领导想让成员真正抱有责任感的话，就应该以这样的方式把工作交托给他。关于这个问题，在下一节"交托工作并予以评价"中还将进行详细的叙述。

在做到目标一致之后，容易出现的问题是，既不下放权力，也不追究责任。或者一味追究责任，却不下放权力。采用这种不彻底的方式，是不可能创建一支为实现目标而努力奋斗的团队的，请大家一定记住这一点。

第四节
交托工作并予以评价

人只有把工作当成自己的事，才会努力

一个好的公司，是所有员工都把工作当成自己的事来做的公司。不好的公司，是所有员工都把工作当成别人的事来做的公司。

为了成为好的公司，领导者必须让团队成员自己思考工作。而且，**工作中还要尽可能地听取成员的意见，这也非常重要。**

如果成员的想法从根本上就是错的，那当然不能采纳。这时候必须清楚地告诉他那是错的。

但是如果成员的想法并没有错，也是一种正确的思路，成员的方案也可行，领导者的方案也可行。在这种情况下，**如果领导者的方案只是稍微好一点的话，那还是应该让成员按自己的方案去做。**

如果领导者总是抱着"这个事就得这么做"，或者"我的方案比你的好"这样的思想，一味地要求成员全部按照你的想法去做事的话，成员的工作热情就会降低。

"工作成果 = 能力 × 干劲"。无论你的能力有多高，创意有多妙，如果执行的人没有干劲，也不会获得好的工作成绩。

能够按照自己的思路进行自由发挥，能够自己处理工作中的所有环节，能够自己去企划，自己去完成。人只有在这种情况下才能获得自我实现和自我成长。这样的工作方式是最让人感到开心的。

最后也许会失败。但是即便按照领导者的想法去做也未必就会成功，所以失败的概率其实并没有增加。

而且，如果成员把工作当成自己的事来做，那么即使失败了，他们也能从失败中吸取教训，将失败转变为自己的宝贵财富。这样一来，成员就能在失败中获得成长。

但是，如果成员把工作当作别人的事来做，那么失败时他就会把"我是按指示来做的"当成借口。这样的失败经历只会让成员逐渐消沉。

谈到失败，不妨让成员早点面对失败，经历一些小挫折，这样能够从中学到很多东西，以免将来遭受致命的失败。这其实是一种为成员着想的人才培养方法。

此外，领导者还应该鼓励成员："失败了也没关系，有我呢，放心大胆地干吧"，并不断放手让成员去做。

不对成员过度指挥

一旦把工作交托给了成员，就要有睁一只眼闭一只眼的勇气。也就是说，要懂得忍耐。

虽然过程中你可能有很多话想说，但是既然对部下说了"请按照你自己的想法和做法在某月某日之前完成这项工作"，那么领导者就必须忍耐，必须放手让成员做到最后。

当然，正如松下幸之助先生所说的一样："放手，又不能完全放手。"也就是说，放手不等于放羊，不能放手了就不管了，而是要时刻关注着，必要时还要听取成员的汇报。如果发现成员的做法偏离了我们的根本目标或标准，就要以提建议或指导的方式对他进行修正。

但是，**如果成员的做法并没有偏离根本，就没有必要对他进行过细的干涉**，这一点非常重要。

如果没弄明白这个问题，那么在放手之后，就难免会对成员的工作指手画脚，一会儿让他这么干，一会儿又让他那么干，这种**过度的指挥会使成员失去工作的意愿。**

干涉过多的话，越是优秀的成员越会离你而去。

"放手"固然很重要，但是"放手的方式"也同样重要。

放手前，必须共享目标愿景

在这里，我还要讲一下放手时的注意事项。

在放手之前，领导者必须与成员进行反复沟通，让成员清楚自

己希望成员达成什么目标、执行什么标准。领导者必须牢记这一点。如果成员对领导者要求的目标和标准尚不清楚，就要不断沟通，直至双方达成共识。否则切不可放手让成员去做。

当然正如我们在前面已经讲到的，放手后也同样要对此进行确认。

如果偏离了目标和标准，那么尽管成员本人很努力，但却很难获得领导者所期望的成果。这对双方来说都是一种不幸。

需要注意的是，有些成员貌似在听领导说话，但其实并没有听进去；貌似听懂了领导的要求，但其实并没有真正理解。

作为领导者对此必须很敏感。一旦感觉到有人在不懂装懂，就必须反复说明，直到他听懂并且理解了为止。在绝不能妥协的事情上就不能有丝毫让步。

如果想放手让部下去做，在这方面就不能含糊不清。你认为自己已经把工作交代清楚了，他已经明白了你想让他做什么，但他却未必真明白，所以最终的成果才会出现偏离。这样一来，双方的信赖关系也有可能因此而产生裂痕。

放手后，必须准确地传达评价

最后，领导者在放手让成员去做之后，还必须对成员的工作进行评价，这样才算给自己的"放手"画上了一个句号。

自己交托的工作，成员完成得好还是不好，对此领导者必须认真进行评判，并在日常交流时或寻找合适的时机将自己的评判结果告知成员，这一点非常重要。

在成员取得好的成绩时，不要忘记表扬他"做得很好!"，如果发现成员做错了，就要告诉他这样做不对，或是做得不够。

如果不这样，很多人就意识不到自己做得不够、做错了或者失败了，而是以为自己一直都做得很成功。

如果放手让成员去做，却不认真给予评价的话，成员的工作水准就不可能有提高。

当然，成员在取得成果时，如果能够得到表扬，他们的干劲就会更高，接下来肯定会更加努力。

放手让成员去做，并认真给予评价，这是使人成长的一个很重要的因素。

反之，最糟糕的情况是，作为领导者却不能清楚地给予评价。这种做法不但不能使成员获得成长，还会让他们觉得领导根本不在乎自己。

这样一来，成员就会开始敷衍了事地应付工作，并与领导者渐行渐远。

单单放手不能算完，还要认真给予评价。做到这一步，"放手"的工作才算完成了。

第五节
提出期望，发挥部下长处

以自己的方式传达期望

　　经营不需要天才和超人。在商场上，即使是很平凡的人也可以获得非凡的成果，这就是团队力量的威力。

　　因此，如何激发每个团队成员的干劲就成为一个极为重要的课题。

　　很关键的一点就是要委以重任。

　　另外，还有一点也很重要，请大家一定不要忘记。

　　那就是"期待"。

　　一定要对每个团队成员寄予期待，将"你一定行""我相信你"这样的信息传达给他们。

　　人对于自己是否被别人期待是能够感知的。团队成员能够从领导的眼神、态度，以及日常的接触方式和频率上解读领导对自己的期待。也就是说，成员其实非常了解领导者到底是怎么想的。

　　如果领导以"这个成员的能力也就到这个程度了"之类的想法来看待成员的话，那么，他手下的成员是不会有工作热情去努力工作的。

　　因此，**越是要求成员获得出色的成果，就越是要对成员寄予更高的期待。如果一个领导者只提出工作上的要求，却没能同时让成员感受到自己的期待，那么他在提高成员干劲这一点上，就没有尽到一个领导者应尽的职责。**

　　如果将期待说出来能够收到更好的效果的话，就要将期待说出来。但是，如果上司所表达的期待缺乏诚意，浮于表面的话，是骗不过部下的，所以重要的是要从心底真心对部下寄予期待。

　　有了这种发自心底的期待，即使是斥责，对方也能从中感觉到你对他的期待。

　　人一旦感觉到别人对自己的期待，便会产生绝不辜负对方期待

的心理。

大家一定有过这样的经历。所以，请你一定对你的团队也寄予极大的期待。

请寻找最适合自己的表达方式来表达你的期待。有个性、有自己特点的表达方式才是最好的。期待的表达重要的不是技巧，而是诚意。

对于要求成员获得成果的上司而言，向成员传达自己的期待既是义务，也是责任。

请大家一定要意识到：如果做不到这一点，成员就不会全力以赴地去完成我们提出的要求。

了解成员的优点和缺点，清楚成员的真正实力

那么，怎样才能发自心底地对成员寄予期待呢？

其实，不认真观察成员的人，是永远无法对成员寄予期待的。

能够对成员寄予期待的人，一定是认真观察成员的人。

这里所说的认真观察是指将成员的情况全都认真看在眼里。

认真观察他有哪些优点。

认真观察他有哪些缺点。

人难免都会受到自己过去经历的影响，并因此而带有偏见和先入为主的观念。

结果，往往在还没有真正了解成员的情况下，就仅凭表面的一些事情断定："他就是这样的人。"

这样去观察成员，我们就无法了解到成员的真实情况。

因此，这种做法是不可取的，我们必须从"这个成员能胜任什么工作呢？""也许，他能胜任这项工作！"等角度去观察团队成员。

对于缺点，我们要带着"怎样才能帮他改正呢？""怎样做才能使他的缺点不至于成为致命伤呢？"等意识，进行观察。我们必须要像这样，**全面了解并接受团队成员，包括他们的优点和缺点。并且还要认真思考怎样做才能最大限度地发挥他们的作用。这才是领导者对待成员的基本姿态。**

认真思考如何发挥人的优势（强项）

在人才使用方面最关键的就是要让其能够发挥出自己的优势。

人在获得发挥自身优势的机会后，就会产生发挥优势来取得成果的意愿。这样一来，他自然就会想方设法去克服自身的缺点，避免因其而造成致命伤。比如，他会请别人帮忙做自己不擅长的那部分工作，或者会在工作时倍加小心。

人不会因为被别人指出了缺点而去改正，但是，一旦意识到这样做有益于自己的话，他就会主动想办法去克服自己的缺点。

但是，那些不认真观察成员，不能全面了解成员情况的人，他们的目光往往只盯在成员的缺点上，并且总是絮絮叨叨地指出成员的缺点。因为不能容忍成员的缺点，所以他无法将工作放手交给成员去做。当然，成员也不可能感受到他对自己的期待。

成员能够察觉到："这个领导可能根本看不上我"，于是工作的时候也就提不起干劲了。

事物就看你怎么想。

优点和缺点往往是同一事物的正反两个方面。你认为是优点的地方有时会变成缺点，你认为是缺点的地方有时会变成优点。

例如，有些人喜欢用尽可能短的时间来完成工作，这可以说是一个优点，但是在需要进行慎重考虑之后再去做的时候，这个优点就又变成了缺点。

反之，即便是缺点，当你以不同的角度去看时，也有可能变成优点。所以，领导者在看一个人时，绝不能带着先入为主的观念，不能习惯性地以否定的眼光去看人。

德鲁克说过："**所有人都是通过自己的强项，而非弱项来获得报酬的。**"大家应该也是这样的吧。你现在的职位和责任，是通过自己的缺点来获得的吗？我看一定不是这样。

如果是一个人的强项，即使你提出更高的要求，他也一定能够发挥足够的力量来完成。

反之，如果你错把某个人不擅长的工作交给他去做，甚至提出更高的要求，他就可能因不堪重负而被击垮。

人无完人。如果你要求每一个人都必须圆满地完成所有工作，那你就很可能仅仅因为那些优秀人才身上的一些缺点而不去重用他们，使他们无法发挥自身的优势。

日本有句俗语叫作"矫角杀牛"，比喻总是记挂着缺点，一心想矫正缺点，结果却如磨瑕毁瑜，毁了全局。

请大家认真思考一下团队以及团队成员存在的理由。**即便单独的一个人不是十全十美的，但是因为成员间能够互补，所以团队的优势也就体现出来了。**

缺点大家能够互补，各自的优势则要最大限度地发挥。这才是理想的团队。做到了这一步，即使是平凡的人也能够获得非凡的成果。

第六节
积极肯定多样性

人各不相同

迅销集团现在正在加速全球化的进程。因此，多样性的经营管理对于领导者来说就成了一个非常重要的课题。

但是，不能用"因为全球化，所以多样性"这样狭隘的模式来考虑问题。

多样性的经营管理本来就是建设优秀团队、实现良好经营所必需的具有普适性的管理能力。

也就是说，**即便先把国籍、人种、性别、年龄放在一边，人也是各不相同的，世上没有完全相同的两个人。**

因此，即使没有全球化，每个职场中也必定存在着多样性。如果不积极理解并肯定多样性的原本含义就去带领团队的话，无论在哪里，带领什么样的团队，都不会取得成果。

所以，无论是带领一百个日本人的团队，还是带领由美国人、法国人、中国人和日本人共同组成的团队，多样性的经营管理都会存在。**根本原因就在于"人各不相同"。大家一定要将这一点好好植入脑海中。**

特别是日本人，有思想狭隘、对不同事物不是接受而是抵制的倾向，所以我希望领导者必须要注意这一点。

这是日本学校教育的弊端，日本一直以来的教育模式就是"正解只有一个，没有其他答案"。在这种教育模式和考试制度下，"如果不按老师教的正确答案去背、去回答，就会被扣分"。纵观日本全国都可以感觉到这个弊端的存在。

由于这已经成为一种文化，所以在很多企业的管理模式中都可以看到它的影子。

身处在这样的环境，长期接受这样的教育，人有时候甚至会表现得有些偏执。

但是很明显，在企业活动中，不会只有一个正解。特别是在现在这个变化激烈的时代，曾经的正解很快就会发生变化。

"因为以前一直都是这么做的"之类的理由已经不能成为正解的依据了。

因此，领导者要收集、倾听并接受各种人的各种做法和智慧。在此基础之上，选择真正优秀的方法去工作，或者让成员按照真正优秀的方法去工作。**兼容并蓄是一个领导者必须具备的素质。**

在这个变化的时代特别需要这种素质。好的创意无关国籍、人种和性别，也无关职位的高低。

公司也有选择人的权利

人有选择公司的权力。同样，公司也有选择人的权利。

一起工作的团队成员必须能够理解公司的使命感、目标和根本的思考方式，理解公司的基本方针和原理原则，并能够对此产生共鸣、进行共享。这些是成为团队成员的前提条件。

没有努力去理解的意愿，只是一味认定这跟以前公司的做法不同，或者和自己的想法不一样，那么很遗憾，这样的人无法成为我们团队的一员。

虽然我们肯定多样性，但是请理解这句话是建立在公司和成员之间具有对等、健全的关系之上的。

方法和智慧可以多种多样。但是，公司本质的、不容让步的东西不可以动摇。

所以我希望领导者要牢记公司的使命、目标、原理原则和基本思路，在这方面，如果认为自己的判断是正确的，就决不妥协。如果成员不能理解，就要坚持解释直到他能理解为止。

如果成员没有接受这些的意愿，那就可以认定他不适合在这个团队中和大家一起工作。为了维护整个团队的秩序，领导者需要做出这样的决断。

在全球化经营方面

上面讲的内容是根基，公司本质的、不容让步的东西不可以动摇。但同时也要注意尊重所在国家及地区的习惯和法律，这是全球化经营所必需的。

此时，希望大家不要沿用陈旧的观点先入为主地判断问题。

例如，"中国是这样的，韩国是那样的，美国是这样的，而法国又是那样的"等。这是一种自以为是的想法。说这些话的时候，你对他们到底真正了解多少呢？

中国人也好美国人也好，一百个人就有一百种不同。那么事实到底是怎样的呢？**切实通过现场、现物、现实进行确认是非常重要的。**

弄清事实之后，如果发现那已成为该国或该地区的习惯而无法改变，并且只有尊重这些习惯才会得到顾客和当地员工的支持，那么就要像"入乡随俗"这句话所说的那样，做出接纳这些习惯的决定。

但是，不可在简单地看一下之后就随随便便做出判断。

有些情况其实并不是人们所希望出现的，只不过是由于妥协和先入为主，才变成了现在这个样子。对于这样的情况，公司应该遵照自己的信条，通过自身的努力使它变成任何人都愿意接受的良好状态。

比如在巴黎，我们经常看到，在一些大型休闲服饰店，前面顾客挑过的商品没人去整理，杂乱的堆在那里，而后来的顾客就在这种环境中选购商品。

可是，在这样的环境中购物，巴黎人真的无所谓吗？其实不然。他们也希望无论什么时候走进店里，购物环境都是整洁有序的。

那么，优衣库就要坚持在店铺贯彻清洁度和商品整理等方面的原则，创造一个任何人都愿意欣然接受的状态。这样做非常重要。

所以，结论就是：**在任何时候，都不要照本宣科地沿用以往的模式判断事物。正确的做法是遵循现场、现物、现实的原则，结合当时的具体情况来思考"做什么、怎么做对顾客来说才是最好的？"，并通过这样的自问自答找到答案。**

这是领导者所必须具备的**基本的思考方法**，不管是对全球化还是其他方面，都同样适用。

根据具体情况，对成员给予关怀

关于多样性管理，最后我还要补充一点。

我们在说到人各不同时，也要意识到人与人在个性和能力上是存在差异的。我希望领导者**能够针对每个人的不同情况，对团队成员给予关怀。**

人不仅仅只有工作。成员当中，如果有人无精打采或是面露愁容，那多半是家庭或是健康方面出了什么问题。这种时候，作为领导者应该在问明原委之后，设身处地地为成员着想并给予恰当的关怀。如果是生了病，就给他介绍个医生，或者向他建议这个时候该怎么做会比较好。在了解情况之后，还可以考虑在那段时间对他给予一定的照顾。

领导者这样做，会使成员感觉到自己所在的公司是个好公司，自己的领导是个好领导，并因此而产生要更加努力工作的意愿。

领导者面对这种特殊情况，是否能真正站在团队成员的立场上，设身处地地为他着想，这也是评价领导者的一大要素。

如果领导者不这样做，而只是冷漠地套用公司的规定，那就不仅会使成员对领导者失去信任，也会使他们对公司失去信任。

况且，任何人都难保自己不会也在什么时候也处于弱势或是需要别人的支持。

把它说成是度量也好，气量、宽容也好，总之，缺乏这些的公司，在别人眼里很难成为一个好公司。

对有特殊情况的成员给予关怀，不仅帮助了他一个人，同时也能让团队力量变得更加强大。**不懂得体察别人心情的人是做不好经营的。**在谈到多样性的时候，如果领导者能够体察到每个成员的不同情况，并给予关怀的话，团队成员一定会更愿意跟随你一起努力工作。

第七节
抱持最强烈的取胜欲望，坚持自我变革

必须抱持比任何人都更强烈的取胜欲望

团队作战的前提条件是全体成员都要抱持强烈的取胜欲望。团队合作不同于朋友关系，并不是成员之间彼此关系好就行了。

为了让成员都抱持取胜的欲望，首先**领导者自己的取胜欲望必须比任何人都更强烈**。

如果领导者能够抱着"即使战至最后一人也要取胜"的意识加入团队，并能身先士卒的话，成员就会逐渐理解你的激情，团队会变得目标高度一致，并且凝聚力也会越来越强。

反之，如果领导者总是一心想突出自己个人的作用，他就会渐渐被孤立，最后只能孤军奋战，并因此而一败涂地。

需要注意的是，尽管领导者抱有强烈的取胜欲望，但在工作中一定要让成员做主角，让成员成为英雄。这是管理的艺术。

不渴望胜利，不求上进的公司终将倒闭。

因为取得了一点儿小成绩就感到满足，并滋生骄傲情绪的领导者最终会经历大的失败。

无论是沃尔玛，还是谷歌、三星，所有获得生存的公司都是抱着比谁都更想赢、更想发展的欲望，制定高远的目标，并能够迅速行动的公司。

同时，如果真有想取胜、想发展的强烈意愿，自然而然就会**发现自己哪些地方做得不够，哪些地方做得不好**。这种自我认识又会引导我们去学习、去改善并去尝试新的事物。

相反地，如果觉得自己已经做得不错了、做得足够好了，就会滋生骄傲的心理。这与我们在认识到自身不足时的做法截然相反。

其实道理很简单，要想持续获胜、持续成长，就需要永远保持想取胜、想发展的动机，这是必不可少的。

领导者对挑战要率先垂范，成为"有追求"的表率

领导者在具有比任何人都更强烈的取胜欲望之后，接下来要做的就是鼓舞成员接受挑战。

但是，**要创建真正有着必胜信念的理想团队，在鼓舞成员之前，领导者自己身先士卒迎接挑战是很重要的**。领导者不去挑战，成员也不会去挑战。不断进行挑战，不断追求高标准的工作方式和生活方式，是非常有意义的事。领导者必须率先垂范，将这一点向团队成员展示出来。这对于鼓舞成员迎接挑战是非常重要的。

随着经济上的富足，"生而无求"的理念已逐渐被社会认可。

"何必非要挑战？这么活着就可以了。何必非让自己那么辛苦？没必要自己给自己找罪受"之类的想法已经成为一种社会风气。

特别是在日本，这种风气很盛。人们觉得毕业后进入公司，过几年后当上科长、部长，这些事都是顺理成章的。如果不能这样，就认为是这个社会有问题，埋怨社会、对社会产生不满。而且，还滋生出了这样的理论："在这样的社会里，追求是一种痛苦，反正追求了也不会有任何回报，还不如顺其自然反而更舒服自在"。

我却并不这么认为。我觉得只要认真努力，就一定会从中获得成就感并得到成长。能享受成就感和成长的人生才是快乐的。

退一万步来说，即使社会上有这种风气，但毕竟成员们更多的时间都在自己所属的公司里。**要让成员感觉到：不管外面的社会是什么观念，在自己的公司里，越有追求就越能获得工作和生存的价值**。让每位成员体会并意识到这一点，既是领导者的工作，也是领导者的责任。

当成员体会到这一点之后，在工作中就会愿意迎接挑战了。

随着整个世界经济的发展，信奉"生而无求"理念的人也越来越多。这种理念的蔓延是一种风险。在建设一个强大的团队时，它有可能成为领导者看不见的敌人。

要想打败这个敌人，只能是领导者身先士卒，展现出敢于迎接挑战及不懈追求的姿态，并把这种工作方式、生活方式所带来的充实感向成员展示出来。今后的时代里，这样的领导能力将变得越来越重要。

领导者必须做到以下三点，才能不断迎接挑战

那么，为了能够身先士卒不断挑战，领导者自身应该怎么做呢？

我认为有三点很重要。

第一点是要对自己寄予期望。

否定自己就不可能抱有希望。没有希望，就不会有挑战欲。

因此，要想进行挑战，就要对自己抱有希望，相信自己"说不定可以做到"，这是很重要的。

所以不妨经常用"这件事只有我能做到""这种事是我的强项"之类的话来鼓励自己。

要想提高部下的干劲，领导者就先要鼓足自己的干劲。

因此，重要的是，在对部下寄予期望的同时，对自己也要寄予期望。

第二点是自我完善。

这是一个瞬息万变的时代。如果不进行自我完善，即便想身先士卒带头发起挑战，恐怕你也很难实现目标。

很多不注意自我完善的人，事到临头时就会想："糟了，凭我的能力和方法很难获得什么成果。"

由于不想面对失败，于是对挑战敬而远之。

因此，如果平时不注意完善自己，不认真思考如何才能让自己成长的话，是无法带头发起挑战的。

只有渴望成长并为此做好准备的人才有未来。

越是觉得自己很有能力、很优秀的人，越容易因疏于准备而落后于时代。

所以要冷静客观地看待自己，抱着谦虚的态度，不断进行自我完善。

想成为能持续具有挑战力的领导者，自我完善是不可或缺的。

不以自我完善为信条并付诸行动的公司是无法持续成长的。

第三点是自我管理。

自我管理对于经营者而言就是要自律。

这个问题大致可以从两方面来说。

作为经营者不要走旁门左道，切忌过度奢侈，要一步一个脚印扎扎实实地进行经营。

一旦痴迷于旁门左道和过度奢侈，很快就会被时代所抛弃。

还有一点就是健康管理。

经营者的工作无论在体力上还是精神上都是非常辛苦的。如果身体垮了，就无法承担这份重任。

有些人在年轻的时候任意透支体力，其实这是因为他们不知道体力是有极限的。

要想任何时候都能带头迎接挑战，就必须严格地对自己实施健康管理。对于经营者和领导者而言，这既是义务，又是责任。请大家一定牢记这一点。

第三章　自我训练

训练 1

请针对次章中，各种经营者养成所必备的项目，进行自我评价。
以半年一次的频度，定期进行自我评价，进行经营者养成的自我成长管理。
（下表为 3 年份）

	建设团队的能力	年月	年月	年月	年月	年月	年月
1	建立信赖关系：既是万行之始，亦是万行之本						
2	全心全意、全身心面对部下						
3	共享目标，责任到人						
4	托付工作并予以评价						
5	提出期望，发挥部下长处						
6	积极肯定多样性						
7	抱持最强烈的取胜欲望，坚持自我变革						

自我评价：
○ = 有达到本书所记载的水准
× = 未达到本书所记载的水准

训练 2

举出做得最好及做得最不好的项目，并写下依据。
以半年一次的频度，定期进行自我分析，进行经营者养成的自我成长管理。
（下表为 3 年份）

		做得最好	做得最不好
年 月	项目		
	依据		
年 月	项目		
	依据		
年 月	项目		
	依据		
年 月	项目		
	依据		
年 月	项目		
	依据		
年 月	项目		
	依据		

第四章
追求理想的能力
经营者要为使命而生

第一节　身为经营者的使命感
第二节　不可或缺的使命感
第三节　迅销集团的使命感与注意事项
第四节　使命感赋予我们的东西
第五节　与使命感的绊脚石做斗争
第六节　面对危机时经营者的必备行为
第七节　以创建理想的企业为目标，不断挑战人生

第一节
身为经营者的使命感

追求公司存在的意义重于一切

对公司而言最重要的就是使命感。

使命感是公司存在的理由，它也是"为何成立公司""公司为何存在"等问题的答案。我们必须对使命感进行不懈的追求。

经营者必须对自己成立公司的最终目的及公司存在的意义进行认真思考，直到确定"我真的想这么做""我的公司真的想成为这样的公司"，找到值得自己为之奉献的使命，然后以为使命奉献一切的精神来进行经营。

我本人做了四十多年的经营者，也一直在观察其他人怎么进行经营，我认为对于经营而言最重要的就是，企业活动必须基于本公司的使命而展开。

那些并非昙花一现，而是**长久得到社会认可的优秀公司都是扎扎实实地遵循着公司的使命感进行经营的**。

具体地说，就是他们的经营战略和决策都是遵照公司使命而制定的，并且从不使经营偏离公司的使命。

这些公司的共同特点是，为了完成公司使命，不断地发起挑战，并坚持不懈地追求高标准，追求理想状态。

这些公司的员工都能够深刻理解公司的使命，并明确知道自己是在为实现公司使命而努力工作。

也就是说，这样的公司使命感实际上已经渗透到员工内心，并且与每个员工的具体工作紧密结合在一起。

在新近崛起的公司中也不乏这样的例子，谷歌公司将"整理全球信息，以供全世界所有人检索并使用"作为公司的使命，而他们也正是完全遵照这一使命来工作，并忠实于这一使命进行经营的。

把公司使命作为一切经营活动的核心

　　如果哪家公司的经营者和员工把"公司为何存在？"这一出发点都忘记了，那么那家公司就不可能成为一家好公司。

　　但是，实际上很多公司的使命感都已经变得非常模糊了。

　　尽管很多经营者都宣称很清楚自己公司的使命是什么，但是，他们真的是遵照公司的使命在进行经营活动吗？我认为未必。

　　不是很多人都一心想着赚钱，而早就把使命抛在一边了吗？

　　例如，在有些公司，使命早就变成了只是写在公司宣传册中的东西了，他们只不过是在年度初始时对其进行一年一次的例行确认罢了。

　　而且，在最近的经营者中，从一开始就没有考虑过公司使命的人并不在少数。

　　那些人只关心如何快速赚钱、如何成名，如何给自己的职业生涯贴金。

　　这些人并不是真正的经营者。

　　如果你问这些人"公司是谁的？"，他们一定会振振有词地回答你："是股东的。"这样的回答与从 MBA 课程中学到的教科书式的回答没什么两样。

　　真正脚踏实地靠自己的努力在商场拼搏的经营者，对于这样的问题，他们一定会回答："是顾客的！"

　　因为如果不能向顾客提供他们所需要的商品，企业就失去了存在和生存下去的理由。

　　如果能够实际感受并理解这一点，就一定会回答"公司是顾客的！"除此以外不可能有其他的答案。

　　总之，一个经营者要想让公司获得成长，想让公司长久繁荣，在进行经营时就必须把公司的使命作为一切经营活动的核心，这一点非常重要。

　　一旦忘记或是脱离公司的使命去经营，公司就会出现异常，并逐步走向灭亡。

第二节
不可或缺的使命感

只有为社会做贡献的企业才能生存下去

那么，是不是说只要是企业所认定的使命感，不管是什么都可以呢？

我认为，**真正优秀企业的使命感都是超越了单纯经济目的的使命感。**

公司必须获得收益赚到钱。这是毫无疑问的。

但是，绝不能因此就将赚钱视为一切，不能为了赚钱就什么都做，更不能所有的经营活动都围绕赚钱而展开。

这样做的话，公司很快就会倒闭。

还是那句话，**公司只有为社会做出贡献，才能得到社会的认可，它的存在才会被社会所允许。**

公司从诞生的那一瞬间开始就是为公众服务的。因此，只有能为社会做出贡献的公司，才能超越时代，在这个社会上生存下去。

社会就是这么残酷，顾客就是这么挑剔。

不能提高顾客的生活品质，不能给顾客带来幸福，不能为社会做出贡献的公司，终将被社会所抛弃。

对公司来说，赚钱是非常重要的。

但是，赚钱只不过是一种手段。公司的最终目的应该是实现自己的使命，即"为使人们幸福而存在"。

一味追求金钱，金钱反倒会离你而去

刚开始时可能意识不到这一点。因为公司没有收益就难以维持下去。但是做着做着就会明白，如果我们只追求收益，顾客就将不再像以往那样光顾我们的店铺，也将不再购买我们的商品。

如果我们在进行经营时不为顾客着想，顾客是能够看出来的。

如果公司关注的只是钱，而非顾客的幸福，最终一定会表现在商品和服务上。顾客会敏锐地察觉到这一点，绝不可能蒙混过关。

也有只追求收益，并因某一举措的成功而在一段时间内获得高收益的公司。但是，这样的公司不会长久，一般来说都以不幸的结果而告终。

如果只追求金钱，金钱反倒会离你而去。如果追求使命的完成，金钱则会自己来找你。

企业具有能够使社会朝着好的方向发展的使命，当其具体体现在商品、服务和销售上之后，才会在社会上引起越大的共鸣。 对于这些令人期待的好商品、好服务，顾客一定会为之鼓掌喝彩。最终，我们的销售业绩也必将直线上升。

听起来好像在说漂亮话，但是，面对肩负着迅销集团未来的经营者候补人选，用宝贵的纸面来罗列漂亮话并不是没有意义。

这是我自身的经营经验，以及通过观察很多经营者的经营方式而得出的体会，是真理。

我希望大家树立"让社会更美好"这一崇高的使命感，并以坚持不懈地追求这一使命为目标，不断进行经营实践。这样的话，我们就一定能够得到顾客的回馈。

第三节
迅销集团的使命感与注意事项

迅销的使命

迅销的基本价值观是"一切以顾客为中心"。

也就是，**开展一切为顾客着想的经营活动。**

基本的价值观是我们在经营时所依据的基本思想。我们无论做什么事，都要以此为出发点来考虑，并将其视为重于一切的经营基本思想。

当你迷惘、烦恼时，这一价值观还为你提供了一个重新回顾反思的视角。

在这一基本价值观的基础上，迅销集团为自己树立了如下的使命：

"真正的优质服装，创造前所未有崭新价值的服装，让世界上所有的人能够享受身着称心得体，优质服装的喜悦、幸福和满足。"

所谓"所有人"，并非指特定的某些人，而是指超越了贫穷、富有、男女老少、国籍、地域等一切"界限"的，这个世界上的所有人。

我们要让所有人，因能够拥有我们的商品，穿着我们的服装而感到幸福。

迅销集团正是为了向社会提供这样的价值而存在的。

迅销希望通过服装，让社会向更好的方向发展。这也正是迅销存在的原因。我们的这一愿望，同样体现在**"改变服装，改变常识，改变世界"**这句宣言之中。

也许有人会觉得这样说很夸张，但我并不这么认为。正是因为我们坚信这个使命，并以实现这个使命为目标，坚持不懈地追求优质的商品和服务，迅销才走到了今天。

倘若没有这种对使命的执着追求，优衣库的摇粒绒、HEAT-TECH 等商品或许就不会诞生。

以前价格昂贵，令人略感囊中羞涩的摇粒绒，现在已经成了所有人都买得起的商品。

HEATTECH 的出现，也为人们在冬日享受时尚的方式增添了变化。

通过改变服装，使人们可以以便宜的价格购买到功能优良、穿着舒适的服装，从而改变了那些因价格昂贵而对商品望而兴叹的人们的常识，同时使人们的生活得以向更好的方向发展。在我们的努力之下，所有这些都正在逐步变为现实。

此外，我们还在孟加拉和柬埔寨开设工厂进行服装生产，这是我们做出的又一项努力。对于发展中国家来说最大的问题不是没有资金，而是缺少就业机会。为了尽自己的一份微薄之力以缓解这两个国家的就业问题，我们在当地开设工厂，创造就业机会，这也是我们为改变世界而做出的努力之一。

对使命的共鸣和共享是必要条件

我希望**迅销的所有经营人员，都能够强烈地意识到自己是为实现公司使命才在这里进行经营的。**

我希望你们**深信这个使命能够实现，并为自己能够参与完成如此重大的使命，能够进行这样的经营而感到喜悦，为拥有这一梦想而感到激动。**

希望你们能够在此基础之上，对自己所在部门的使命和岗位的使命进行思考。

只有理解整个公司的使命，才会产生为实现它而尽自己微薄之力的使命感。也就是立志为实现公司的使命而努力，并在工作中做出成绩的使命感。

例如，如果你是负责人事工作的，那么，培养员工，想方设法提高员工的干劲就是你要做的工作。在这种情况下，你就必须思考怎样才能通过自己的工作为实现迅销集团的使命贡献一份力量，这也是你的使命。

但有些人并不是这样做的，他们有自己想做的事。如果他们想做的事与迅销的使命无关，那么很遗憾，我认为他们是不适合在迅销做经营者的。

对于经营者来说，最重要的就是要遵循使命进行经营。既然在迅销进行经营，就必须**具有遵从迅销公司使命的强烈意识，立志为实现公司使命而努力工作并做出成绩**。

第四节
使命感赋予我们的东西

强烈的使命感会给你和你的团队带来什么呢？我认为至少会带来以下八样东西。

使命感带来责任感

如果抱有强烈的使命感，就会产生对商品负责的高度责任感，发誓"一定要制造出超出顾客期待的，令顾客满意的商品。如果达不到这个标准，就决不放弃、决不妥协"。

无论是服务、创建店铺还是总部的工作，所有工作都是这样的。

强烈的使命感会带来强烈的工作责任感。

有了责任感，就能出色地完成真正有益于顾客的工作。

如果你感觉自己的团队对工作标准缺乏责任感，那么，很有可能是因为团队成员在共有公司使命这一方面做得不够好。

使命感带来职业道德

如果能够将"为了让顾客满意、为了让社会变得更美好"这样的使命感植根于心底，就一定会认真进行生产，认真进行销售。甚至如果不这样做，就会感觉不舒服。

企业人的正确伦理观、道德观、价值观，其根源都在于企业人对使命的强烈共有意识。

使命感可以提高我们的主观能动性

心中确立了使命感之后，自然就会产生追求更高目标的意愿，并且希望达到更高的标准。

而且，这种意愿还会使我们变得谦虚。

再看自己时，你就会认为"从使命感来看，自己做得还远远不够"。

这种意愿既能成为追求更高目标的能量，也能带来学习的欲望和谦虚的态度。

也就是说这种意愿使我们一心想向别人学习更多的东西，想从众多事情中吸取更多的经验，并将其运用于自己的实际工作中。

很少意识到自己不足的人，是不会有学习的意愿的。

不肯谦虚学习的人，往往是一些嘴上说着想去追求更高目标而实际上却并不想那么做的人，或者是缺乏危机意识的人。

能够听得进刺耳之言也是一种学习，这样做能够使我们获得进步。

有些人总是以自己的逻辑来排除新知识、新智慧，企图以此来保护自己，这样的人是不会有进步的。

获得的成功越大，想保住它的倾向就越强。你们是被称为经营者候补的人，所以就更应该养成扪心自省的习惯。

使命感使你成为"不气馁的人"

真把使命当作自己毕生追求的人，如果不能完成使命，就会非常懊恼。甚至不完成使命，就会死不瞑目。

这样的话，他就不会因为一点点大不了的失败而气馁。也许会情绪低落一阵子，但是他很快就会意识到还不是气馁的时候。并且，一定会产生"我一定要成功""我绝对要争口气""下次我一定做得更好"之类的决心。

使命感最终会使我们成为敢于拼搏、愈挫愈强的勇士。

使命感能够为你的团队成员指引方向

我们最终到底是在为什么而努力？我们的努力到底能收获什么成果？如果不清楚这些，员工的责任感就会越来越低。

使命感能够清楚地为所有人指明方向，它给员工带来了努力的希望和梦想。

使命感为你的团队带来优秀人才

可能的话，谁都想与优秀的人才一起工作。其实，越是优秀的人才，越是关注自己的工作是否具有社会意义。

优厚的待遇固然很重要，但是真正能够吸引优秀人才的是具有社会意义的使命感，使命感才是吸引人才的关键所在。

使命感能够让人清楚地了解你的公司是一家什么样的公司

这家公司到底是个什么样的公司？是个有着怎样志向的公司？当公司进军市场，和交易伙伴缔结合作关系时，或者与股市、金融机构打交道时，这是经常被关注，也是经常被问到的问题。

特别是当我们走出国门，走到日本之外的世界时，就更需要能够明确回答这个问题。

坚定的使命感能够给我们一个明确的答案。而且，只要遵循使命感扎扎实实地进行经营，就能做出实际成绩，这比语言更有说服力，能够给人以单凭语言所无法给予的信任感。

对于一个公司而言，使命感越是能够体现"公司是为社会服务的"这一理念，公司就越容易被社会所接受。

此外，如果在中国或美国等国家开展业务，我们就必须建立可促进当地经济发展并能够提供就业机会的企业。只有这样，我们才能稳稳扎根于那些国家，并逐渐成为那些国家的人民和社会所需要的公司。

使命感为你提供判断标准

使命感是我们的存在价值，所以它既是公司一切工作的出发点，又是公司一切工作的目的。

由于使命感既是整个公司的志向，又是公司一切工作的目的，所以对于身为经营者的你而言，它应该是一切事情的判断标准。

作为经营者你还应该将使命感作为约束自己的准则和你人生的原则。

也就是说，你必须立志无论在什么情况下，都不偏离这个使命感，并将之作为自己行动的准则。

例如，你要依据使命感来进行判断，有些事虽然从赚钱的角度来看很有吸引力，但如果它偏离了使命感，就不能做。

使命感还会令你做出这样的决定："绝不使用偏离了使命的方法来进行经营。"

相反地，在经营中你会践行"只要是符合使命的事情，就集中公司的力量来做""总是坚持不懈地追求有助于实现公司使命的成果"。

以上关于使命感的理解，你是否认同呢？

对使命感有了这样的认识之后你会发现，只要你心中能够树立起强烈的使命感，在使命感的推动下，你自然就会按照我们在第一章到第三章中所讲的行动准则去做。

第五节
与使命感的绊脚石做斗争

前面我们讲了使命感对公司、对经营者的重要性。事实上，一家公司如果对使命感的执行情况放任不管的话，随时都有可能偏离使命感，甚至越走越远。

使命感是需要有意识地进行管理的。

经营者在进行经营时，绝不能有一刻的松懈，要意识到使命感并不是悠悠闲闲地就能够彻底贯彻执行的。

所以，我希望**每个经营者都要做好心理准备，一旦发现公司出现以下征兆，就必须立即与之进行斗争**。因为以下任何一项都有可能威胁到使命感的实现。

工作中充斥着以自我为中心、高高在上的工作态度

有些组织在创业初始或是组建团队之初曾经树立了坚定的使命感，团队成员也曾共享使命感，但是随着时间的流逝，即便是这样的组织，也渐渐淡忘了使命感。

明明知道正因为立足于使命感，自己的公司才有存在的意义，但是却漫不经心地进行经营，就好像公司的存在是理所当然的，顾客的光顾也是理所当然的似的。

由于忘了自己的工作目的，于是出现了以自我为中心的商品，自己的一套理论、借口也多了起来，这些都是思想松懈的征兆。

此外，包括我们公司在内的一些大企业、处于优势地位的企业，一旦淡忘了使命感，就会失去谦虚的姿态，在与交易伙伴或是部下相处时往往会表现出高高在上的倾向。

这种做法会使我们失去能够在紧要关头真心协助我们，并与我们共渡难关的伙伴。

经营者必须带着危机意识，不断与这些征兆进行斗争。

使工作流于没有特色的、模仿性的工作

只有将我们自己独有的价值提供给顾客，我们才会被顾客认可，才能够完成使命。

如果和别人做同样的事情，公司就失去了存在的价值。但是，组织一旦偏离使命感就会忘记这一点，就会在别人做了之后开始跟风做，或者模仿别人做类似的事情。

如果出现这样的征兆，经营者必须与之进行斗争，并**鼓舞大家"任何事情都要先于别人第一个去做"**。

机械的、缺乏独创性的、生搬硬套的思考模式

受时代变化和当时情况的影响，无论是真正有益于顾客的事还是现在必须做的事，都并非一成不变。

因此，**工作就是要根据当时的具体情况进行认真思考，判断怎么做才是正确的**。这是基本原则。不这样做，我们就不能正确把握顾客的心理，不能进行有益于顾客的工作，我们的使命也就成了空中楼阁。

如果对自己的使命缺乏高度的责任感，工作就会变得漫不经心。在工作中，以下的倾向就会变得越来越明显。

- 不考虑工作的目的、效率，也无心进行改善，只把工作当作单纯的操作来做；
- 完全依赖工作手册进行工作，或者只能按照工作手册上写的来工作；
- 机械地给部下分配工作；
- 不能对工作中因循守旧的做法有所察觉；
- 对于社会环境及周围的氛围，只求随大流而无自己的想法。明明做出了偏离根本的决策，自己却丝毫意识不到。

如果出现这些征兆，经营者就必须严阵以待，带着强烈的危机意识与之进行斗争，并运用自己的良知、经验和知识等进行认真思考，想方设法将组织拉回到正确的轨道上来。

官僚主义的泛滥

　　工作靠的是团队作战。一个组织只有所有成员能够共享使命感，才能强烈地意识到凭借一个人的力量根本不可能实现使命，并因此而致力于团队作战。在这种情况下，人与人之间就会产生充满人情味儿的、令人感到温暖的沟通与交流。

　　但是，如果团队成员不能共享使命感，官僚主义的、缺乏人情味儿的工作方式就会越来越突出。

　　例如：

- 只专注于拟定计划、分析数值，不了解现场情况却以居高临下的姿态向现场下达指示；
- 自己不去发现问题，全凭别人的报告进行判断；
- 把精力花在如何使报告上的数据看起来更完美上；
- 不是一切以顾客为重，而是按照公司高层领导、上司以及总部的意见行事；
- 不考虑工作的优先顺序，只做自己容易做的工作；
- 意见多，行动少；
- 极度畏惧失败，逃避挑战；
- 商品和销售工作中存在很多遵循先例的决策；
- 不重视全公司最优却重视局部最优的做法泛滥。

　　官僚主义与"从顾客立场出发"的经营是相对立的。如果对其放任不管，就无法完成我们的使命。

　　经营者必须与之进行斗争。

评价标准宽松，以实力之外的因素来决定人事安排

　　正因为使命不是轻易就能实现的，所以它才具有追求的价值。

　　执着追求使命的公司自然会以严格的标准对工作进行评价。因为它们树立了高远的目标，所以能够执着地以高标准来要求自己的工作。

当然，不遵循实力主义进行人事安排，是不可能实现公司的使命的。

　　我们不容许工作业绩平平，同时，对于那些满足于低目标，总是不能按标准完成工作的人，也绝不允许他们居其位不谋其政。

　　但是，一个组织如果忘记了使命感，在工作上不严格要求自己、不思进取的话，就会忘记这种人事安排的原则，评价标准也会变得越来越宽松。

　　缺乏实力，擅长拍马屁和围着上司转的人开始获得重用。

　　如果公司中存在这样的人事安排，那么经营者就要对此负责。

　　脱离实力主义的有失公允的人事安排，会使员工失去干劲儿，并由此不再信任经营者。

　　这样的话，就更不要奢谈什么实现使命了。

　　人事管理是最需要经营者严格自律的管理领域。

第六节
面对危机时经营者的必备行为

追求使命感，这是经营者的正道。如果能一帆风顺地走下去当然好，但经营这条道路却并不那么平坦。

特别是当下，**经营者必须事先为突发事件的危机处理做好准备**。

正因为我们一直以诚信的态度对待一切工作，所以这种情况似乎离我们很遥远，但是不能就此断言商品、销售或是其他和经营有关的什么问题不会降临在我们身上。

诸如像2011年3月11日发生的东日本大地震这样的灾害，没人能保证今后类似的情况不会再次发生在我们的事业所涉及的国家或地区。

作为经营者，对于这样的事，我们**不能逃避，而是要对可能性做出预见，并事先确定自己的行动准则，这是一个具有使命感的、规范的公司摆脱危机所必需的**。

下面是我在《永远怀抱希望》这本书中，就这个内容做的叙述，请大家参考。

我在之前就已经决定，当遭遇危机时，要做出如下的考虑并付诸行动。

首先，经营者要站在最前沿。一旦发生突发事件，必须率先收集信息，尽快制定对策，并落实到具体行动上。

然后，根据制定好的对策建立一个完善的体制，以便各现场的领导者能够使用自己的权限，对时刻都在变化着的实际情况做出迅速应对。

这一连串的举措，在组织中，只有最高层才能够做得到。

此外，要立刻准备对员工和社会做出回应。准备完毕后要尽早采取行动。快速回应非常重要，在这一点上，无论企业家还是政治家都是一样的。

在遭遇突发事件时，一定要正视现实。即使是对自己不利的、极为残酷的现实，也要正视它、接受它。然后考虑应该怎么做并付诸行动。

最重要的是信息公开。即使你面对的现实再残酷，再不愿意公开，最高层也要亲自出来说明情况。

不过，这种时候要加上一句话："虽然现在形势严峻，但是将来我们会这样做。"

如实公开信息能够在我们与员工及公众之间建立起信赖关系。在危急时刻，构筑起公司和社会之间的信赖关系也是公司高层的责任。

越是危机时刻就越能考验公司的高层是否够格。公司顺利时，无论谁来经营，都不会差到哪儿去。但是，当遭遇危机时，如果领导者不能迅速做出准确的判断，企业就有可能遭受致命的打击。
（摘自《朝日新书系列丛书》之《永远怀抱希望》第209至210页，作者：柳井正）

第七节
以创建理想的企业为目标，不断挑战人生

我和大家的对话已经接近尾声，在这里，我对大家有一个要求，那就是**所有成为经营者的人都要怀着对理想和未来的强烈希望来进行经营**。

没有理想就一切都无从谈起。

《职业经理人笔记》的作者哈罗德·悉尼·吉宁曾经说过："经营是一个需要从最终目标向回逆推的过程，为了实现最终目标要尽我们最大的努力。"

小的目标缺乏凝聚力，我希望大家树立远大的理想，以创建理想的企业为目标，全力以赴地进行经营。

当然，这个过程并非一帆风顺，或许会有很多挫折。但是，请不要轻言放弃。

请正视自己，不断挑战人生。

所谓真正的成功者，并非只是那些商界或体育界的精英，而是指那些将自己的事业视为生命，并为之奋斗的人。

只有能够日复一日地挑战自我并战胜自我的人，才能够越来越接近自己的理想。

每个人都以创建理想的企业为目标，不断追求，不断挑战自我。这样的经营，一定能带动社会朝着更好的方向发展。

第四章　自我训练

迅销集团的使命是
"提供真正优质，前所未有、全新价值的服装。让世界上所有人都能够享受穿着优质服装的快乐、幸福与满足。"
（1）作为有助于实现此使命的人员，你取得了什么样的成果呢？
　　　此外，对于此成果，你如何评价呢？
（2）为了让目前的状态变得更好，下一步该做什么，而且该如何做呢？
以半年一次的频度，定期进行自我分析，进行经营者养成的自我成长管理。
（下表为3年份）

		成果（上段）/提高成果的习题（下段）	自我评价
年月	（1）成果		
	（2）习题		
年月	（1）成果		
	（2）习题		
年月	（1）成果		
	（2）习题		

自我评价：
○ = 有达到本书所记载的水准
× = 未达到本书所记载的水准

		成果（上段）/ 提高成果的习题（下段）	自我评价
年 月	（1）成果		
	（2）习题		
年 月	（1）成果		
	（2）习题		
年 月	（1）成果		
	（2）习题		

通过全书进行自我训练

从《经营者养成笔记》的所有项目中，选出自己做得最不好的项目，并举出你觉得在迅销集团内做得最好的人。
请把握机会，向该人员请教、学习。

	自己做得最不好的项目	你觉得做得最好的人	学习成果
年月			
年月			
年月			

(续)

	自己做得最不好的项目	你觉得做得最好的人	学习成果
年月			
年月			
年月			

导　读

　　2011年2月3日，我在迅销集团董事长柳井正先生（下面简称为柳井先生）的办公室和他见了面。当时柳井先生对我说："想将自己作为经营者的宝贵实践经验整理出来，用以教育社员，并加速培养200名经营者的计划。"

　　当时优衣库因为HEATTECH等产品的贡献而飞速成长，但销售额仍不足1万亿日元，仅为8148亿日元（根据2010年度财报）。另一方面，全球市场出现了前所未有的机遇。身为集团经营者的柳井先生当时可能先于他人看到了这个飞跃性增长的形势，为此判断要尽速培养有经营能力的人才。这个构想在当时成形的结果，就是这本《经营者养成笔记》。刚开始是着眼于高层干部的教育，现在包括在一线工作的店长都要使用这本笔记进行培训。内容的成效，从你接触到这本笔记时迅销集团的业绩即可说明一切。

　　因此，这是一本至今仍在迅销集团内部使用的笔记，在发给员工时也是一人一册，每本拥有专有序列号以维护企业机密。既然如此，为何柳井先生现在愿意出版，并向社会大众介绍这本书呢？其中一个原因就是作为跨国企业的信息公开化。我们在经营的过程中是如何思考的？我们是如何教育员工的一家公司？为了进一步提高公司的透明性，迅销集团希望社会各界能更多地了解我们的经营状况。

　　然而，更重要的是书中还蕴含着柳井先生想勉励所有立志成为经营者的人们，以及希望世界变得更加美好。柳井先生相信在日本乃至全球，比自己拥有潜力者大有人在；而越早掌握正确的思考方向，说不定越多人能取得更大成果。因此，柳井先生希望能让志在成为经营者的人，或者渴望培养经营者的人，参考这本笔记的内容，以自己的经验为基石，让更多迅销集团以外的人们因此而成长，从而惠及整个社会。

　　柳井先生从自己的经验出发，认为经营者所需的才能并非是与生俱来的。

柳井先生在上大学时从不参加读书研讨会，以打麻将等游玩荒废时光。他抱着能不工作就不工作的心态走上职场，更做不到10个月就辞职走人。他本想着回到家乡继承家业，但没多久却搞得整个公司除了一名员工以外全员辞职。对此，柳井先生戏称自己是"无用的人才"。就连这样的自己，只要觉悟，也可塑造为经营者。因此，柳井先生深信，只要正视问题，任何人都有成为经营者的机会。

　　柳井先生经常教诲公司职员"请装出有自信的样子来"。实际上，儿时的柳井先生是非常内向的，并不善于在人前讲话。但是，在立志要成为经营者之后，每逢与人交流，他便会摆出一副自信满满的样子。柳井先生从自己的经验中发现，一旦摆出自信的态势，不知不觉就会习惯于这样的自己。

　　经常有人问我："真正的柳井先生是怎样的人呢？"媒体总是喜欢选用他表情严肃的照片，加上他的发言向来引人注目，也难怪人们感到好奇。在我看来，他尽管似乎不苟言笑，但实际上却情深义重，非常珍惜与他交往的人。柳井先生平时严肃，而内在的这一面只有在接近他之后才能明白。问起柳井先生的为人，我相信无论是公司骨干还是外部合作伙伴，都会给你同样的答复。正是如此，他才会有这样的力量，让很多人感到："尽管柳井先生有时候天马行空的要求确实让人受不了，但还是希望与他一起实现其理想。"我想，柳井先生似乎有着激励身边的人一起携手向前迈进的能力。我也曾经问过本田宗一郎先生身边的人，发现宗一郎先生也是这样的人。同样作为成功的经营者，可能他们在某些地方都有着相似的一面吧。

　　我自己是在1992～1993年间与柳井先生相识的。时值公司1991年9月从小郡商事更名为迅销，从私营商店转型，朝向股份公开上市公司前进之际。第一次的会面至今仍令我记忆犹新。柳井先生一开口便一脸正经地对我说："我想要做一家超越GAP的公司。"由此，他更提出了具体的要求："为了实现超越GAP的目标，我认为人是最重要的，所以想要同时构建一套更完善的人事架构。"当时销售额只有143亿日元（1992年度财报）的公司，却想着超越具有压倒性优势的世界第一的服装企业。当时这家公司还在山口县宇部市，位于一条不少店家结束营业的商业街的一角，只占有一栋老旧大楼的一层而已。绒毯陈旧，破破烂烂。那时候这家公司刚因为泡沫经济崩溃，融资开设新店的要求被银行拒绝，正处于最艰苦的时刻。而面对这样一家公司的社长说出这样的话来，不知道大家会怎么接这个话茬呢？

　　说实话，我倒是觉得柳井先生"非常有趣"。他给我的第一印象，就是那种能够认真地和别人分享自己天马行空的梦想的人。尽管我本身认为自己是个普通人，但在旁人眼中似乎是个怪人。虽然拿着印有所谓经营顾问头衔的名片，但也不过刚刚大学毕业，而且看起来还有些腼腆的我，从没想到就此他将这么重要的事情就此委托给我。

　　在这本笔记中，柳井正先生写道，"对于经营者来说'期待'是非常重要的"。所谓人类就是那种被给予认真的期待后，能够使出平时前所未有力量的生物，这一点我有着切身感受。在工作上，柳井先生放手让员工负责的委任方法，在经营者当中可说是相当出色。可以说成功的精髓就在于经营者给予员工的那份"期待"。

　　柳井先生的目标实现了。在1994年7月，公司实现了在广岛证券交易所上市的第一目标。而我与柳井正先生的缘分也一直延续至今。这期间出现摇粒绒热潮消退，优衣库销售额从4000亿日元下滑至3000亿日元，此时柳井先生全然不在乎舆论的忧心忡忡，提出在全球市场1万亿日元的销售目标，世间哗然。然而对我来说，尽管依然觉得柳井先生的语出惊人很有趣，但也觉得这样下去可能行不通。尽管这么说可能略显不敬，但迅销集团若要正式进军全球市场，其最大的挑战是必须正视缺乏设计创意基因的这个事实。

　　就在我想着必须要做点什么的时候，我遇见了佐藤可士和先生。当时我的直觉就是，这个人应该行。要知道当时的佐藤可士和先生可不比今日，仍然籍籍无名。柳井先生当时对设计师也是有很重的疑心，没有表现出什么兴趣。在我苦恼该如何推进时，很走运地遇上NHK的《专业工作的风格》节目开播，该节目第四期采访的就是佐藤可士和。我便固执地要求柳井先生看这个节目。

结果，柳井先生对他产生了浓厚的兴趣，并带上我一起前往佐藤可士和先生的办公室拜访。两人一见如故，聊得非常投机，谈了不到一个小时，柳井先生就开始提到要将纽约的设计工作交给佐藤先生。从这次会面后的准备工作，到优衣库第一家全球旗舰店"UNIQLO SOHO"在 2006 年 11 月于纽约开业，只用了半年时间。优衣库也是从此开始正式踏上了全球化之路。

柳井先生提起这个时期，经常说这是"奇迹"。从那次会面的时点到正式开店，只用了半年，这无疑是个奇迹。正是那次的会面，让我们之后发展得异常顺利。被这么一说，我自然欣喜若狂，但实际上，说出此话的柳井先生才是整个奇迹的推手。其后，柳井先生陆续结识了使其品牌形象焕然一新，全球屈指可数的创意人 John C. Jay 先生、哈佛大学的竹内弘高教授、网球名将锦织圭等人。同时还有大力支持帮助这本笔记准备案例教材中经营者对话的 7&I 控股公司的铃木敏文先生、日本电产的永守重信先生、软银的孙正义先生，以及星巴克的霍华德·舒尔茨先生等人。这样的邂逅可谓数不胜数。

为什么能与这么多人不断结缘，甚至推使柳井先生一展雄心壮志呢？

我认为这正是因为柳井先生的思考极为纯粹，一心希望世界向着好的方向转变。他这种执着的态度，自然能够打动拥有相同志向者的心。通常拥有这种信念的人，大多难以满足于普通的事物，总想着去寻找更有趣的事情。在公司内外部多多唤起这样的人，便能另辟蹊径。迅销集团之所以成功，我认为这样的特性功不可没。

接下来，这本笔记整理了身为经营者必备的四种能力。在推进经营者教育的过程中，我深深感受到这四点出自身为经营者的柳井先生自身的原始体验。其一是故乡商业街面临店铺纷纷倒闭的经验，促使他经历了同样是在商业街上经营店铺的同行无法想象的大波大浪的人生。柳井先生常常向员工谈到不让企业倒闭的经营的重要性与艰辛。正因为如此，企业不能只求安定，必须以增长为目标。变革能力对于经营者的重要性其原点恐怕就在于此。

而赚钱能力则源于优衣库一号店。当时企业资金并不充沛，无法在最好的地点选址开店，优衣库的品牌本身也是默默无闻的，在这样的条件下，为了把生意做成功，柳井先生花了许多工夫，才终于掌握了诀窍。

举例来说，即便是现在一张宣传传单，也可以从中发现柳井先生严格的原点。

建设团队的能力则来源于"除了一名员工全员辞职"的体验。

追求理想的能力，正如本书序章最后的图表所示，柳井先生认为，这是经营者所应具备的四种能力中最核心的部分。迅销集团的经营理念中的第二条就是"实践良好的创意，带动社会，改革社会，贡献社会"。正如这条理念所述，在准备迅销向股份公开上市逐步发展，而他在思考企业发展方向时，早就将社会公益责任视为己任了。自与我见面的时候至今，这一点从未改变。

但是，我想对于作为经营者的柳井先生来说影响至深的原点，可能还是最初通过进入伦敦市场，进行海外拓展的失败。从这次失败，柳井先生学习到：当人们问道优衣库是什么时，没有明确的使命感，或者其使命感无法获得认同的企业，在进入全球市场时是很难打动对方的。我认为从结果来看，当时海外有关使命感为何的经历，对于经营者、企业而言，都成为促使其能够更上一层楼的宝贵经验。

我想，在思考柳井先生的原始体验的同时阅读这本笔记，应该能更有助于理解柳井先生所希望传递的信息。

这里也不得不提柳井先生被广泛报道的严格一面。确实，半吊子的工作是无法得到柳井先生的认可的，但他也绝不为难别人。屡屡有柳井先生独断专行的报道见诸报端，然而这些报道往往并不完全正确。在我看来，柳井先生在许多意见上就是位"最严厉的顾客代表"。其实他头脑里看待的问题就是"这样做会不会让顾客感到惊喜，会不会让顾客不高兴"这样的简单标准。这一标准并不基于柳井先生个人的好恶与任性。因为让顾客感到惊讶与喜悦，这是我们所有员工都认为最难实现也最头疼的事。如果没有解决问题的方法，结果就是得不到顾客的支持，投入了大笔资金却获得不了收益。员工们辛辛苦苦付出的努力就将付诸东流。因此，为了往正确的方向努力，员工会提出各种意见直到这位"顾客代表"接受为止。这才是柳井先生的反馈机制，也是他严格作风的本质。我认为这也是迅销集团不会驻足于瞬间的成功，而是能实现持续增长的原因所在。

此外，这种反馈机制并不是只针对员工，也是针对他自身的价值观。柳井先生是一位愿意否定自己的经营者。无论是之前多么坚信与大力推进的事物，如果站在顾客代表的角度客观审视，发现已经出了问题就会马上否定自己，并对问题的不同意见始终洗耳恭听。如果是自己的问题，也能够在员工面前堂堂正正地承认，以此来实现公司的大型改革。而这正是迅销集团成长历史中的关键一页。

《经营者养成笔记》并不是一本传授专门技术的书。柳井先生认为"在经营状况完全不同时，空有专门的技术也无济于事"。所以，希望读者能够通过与这本笔记的对话，找到自己在实际工作中应对问题的方法。

作为出版物，总是不得不加上封面，而封面的作者一栏也写着柳井正这个名字，但如果可能的话，希望大家去掉封面，并在内封的姓名处写下自己的名字。这才是柳井先生的本意。

然后也希望大家能把这本笔记涂写得漆黑一片。柳井先生自己就是以这种方式在许多书籍中寻觅实践方法，并将之具体化的。据说迅销集团内部就是以笔记的涂写程度来看员工的工作成果的。

这本笔记其实一个小时就可以大致通读，但读完便满足的人，跟把笔记像查阅字典一样应用在实际工作上，利用这本书自问自答的人，其成果会出现很大的差异。从中间的章节开始，会有简单的自我评价表，在迅销集团中，职位越高的员工，就越难有在自我评价表上打圈的倾向。例如，简单的"日复一日，完成好必做的工作"这一项，职位越高，越是体会到其困难之处以及在经营中的重要性。因此，希望大家持续检视笔记中的自我评价。

这本笔记并不只适用于经营者，也适用于我经常提到所谓"董事科长"或者"董事员工"，对于以成为经营者为目标而工作的人来说，工作就会变得快乐有趣，成果也会变得明确。实际上，本书的内容，对于任何职位的人来说都同样重要，也是相当容易实行的。我希望有更多人能够借由这本笔记，获得自我成长的机会。

最后，柳井先生经历了从创业者到全球大企业的完整历程，简直就是经历了一遍教科书上所说的完整企业生命周期的经营者，能从这样的经营者视角审视问题，对于作为经营顾问的我来说，是极为难得的体验。这回柳井先生愿意委任我负责导读这样珍贵的笔记内容，我在感到压力的同时，也为能有此机会，对柳井先生表示感谢。如果这篇导读能为大家进一步理解身为经营者的柳井先生，并对于已经阅读过这本笔记的读者有所帮助，那就备感荣幸。

道股份有限公司　董事总经理　**河合太介**

管理顾问　人与组织管理研究所——道股份有限公司的董事总经理。著有《令人不悦的职场》等书。早稻田大学研究生院商学研究专业非常务讲师，庆应丸之内城市校园客座教员。

参考文献

- 《迅销的精神与实践》
- 《一胜九败》（柳井正　新潮社）
- 《一天放下成功》（柳井正　新潮社）
- 《优衣库思考术》（柳井正监修　新潮社）
- 《永远怀抱希望》（柳井正　朝日新书）
- 《工作学问的推荐——我的德鲁克流经营论》
  （柳井正）"NHK 知る乐/木"2009 年 6-7 月号
  （日本放送出版协会）
- *Professional Manager Note*
  （Harold Sydney Geneen　President 书籍编辑部编　柳井正解说　President 社）
- 《德鲁克精选》
  （P. F. Drucker　上田惇生编译　Diamond 社）
- 《管理的实践》
  （P. F. Drucker　现代经营研究会译　Diamond 社）
- 《成果管理》
  （P. F. Drucker　上田惇生译　Diamond 社）

- 《卓有成效的管理》
  （P. F. Drucker　上田惇生译　Diamond 社）
- 《创新与企业家精神》
  （P. F. Drucker　上田惇生译　Diamond 社）
- 《基业常青》
  （James C. Collins / Jerry L. Porras　山冈洋一译　日经 BP 社）
- 《通用商战实录》
  (Robert Slater 宫本喜一译　日经 BP 社)
- 《赢》
  （Jack・Welch / Suzy Welch　齐藤圣美译　日本经济新闻社）
- 《一个企业的信念》
  （Thomas John Watson, Jr. 朝尾直太译　英治出版)
- *Don't kill a cock*
  （Kevin D. Wang〔河合太介〕　幻冬舍）
- 《乔布斯"把无聊的东西扔掉"的真意》
  （日本经济新闻〔2011 年 5 月 16 日　Forbes.com〕）

作者简介

柳井正，迅销集团（FAST RETAILING）董事长、总裁兼CEO。1949年2月7日出生于日本山口县。1971年3月毕业于早稻田大学政治经济学部，之后任职于知名综合百货卖场佳世客（现永旺有限公司）。1972年加入由父亲经营的零售店小郡商事（现迅销集团）。1984年，在广岛市内开设休闲服装零售店优衣库的第一家店铺，此后优衣库在日本全国积极开拓新店，发展成为日本最大规模的休闲服装连锁店。2005年11月，迅销集团改组成为控股公司，旗下囊括优衣库，GU（极优），Theory，HELMUT LANG，PLST，Comptoir des Cotonniers，Princesse tam.tam，J Brand几大品牌。

根据2017年度的财报，迅销集团的销售额达到了1.8619万亿日元，为世界第三大服装零售企业。其中优衣库至今在包括日本、中国大陆(内地)、中国香港、中国台湾、韩国、新加坡、马来西亚、泰国、菲律宾、印度尼西亚、美国、英国、法国、德国、西班牙、俄罗斯、澳大利亚、比利时、加拿大的19个区域市场开设了逾1900家分店。迅销集团的企业理念是"改变服装，改变常识，改变世界"。

2014年，柳井正被美国《哈佛商业评论》11月号杂志评选为"全世界表现最优的CEO"之一。2013年，被美国《时代》杂志评选为"世界最有影响力的100人"之一。2001年6月开始担任大型通信公司——软银的外部董事。

图书在版编目（CIP）数据

经营者养成笔记 /（日）柳井正著. —北京：机械工业出版社，2017.9（2025.11 重印）

ISBN 978-7-111-57821-5

I. 经⋯ II. 柳⋯ III. 服装工业 – 工业企业管理 – 经验 – 日本 IV. F431.368

中国版本图书馆 CIP 数据核字（2017）第 208333 号

北京市版权局著作权合同登记　图字：01-2017-1389 号。

KEIEISHA NI NARUTAME NO NOTE
Copyright © 2015 by Tadashi YANAI
Cover&Interior design by Kashiwa SATO & Ko ISHIKAWA
First published in Japan in 2015 by PHP Institute, Inc.
Simplified Chinese translation rights arranged with PHP Institute, Inc.
through Bardon-Chinese Media Agency
This edition is authorized for sale in the Chinese mainland (excluding Hong Kong SAR, Macao SAR and Taiwan).
No part of this book may be reproduced or transmitted in any form or by any means, electronic or mechanical, including photocopying, recording or any information storage and retrieval system, without permission, in writing, from the publisher.

本书中文简体字版由 PHP Institute, Inc. 通过 Bardon-Chinese Media Agency 授权机械工业出版社在中国大陆地区（不包括香港、澳门特别行政区及台湾地区）独家出版发行。未经出版者书面许可，不得以任何方式抄袭、复制或节录本书中的任何部分。

经营者养成笔记

出版发行：	机械工业出版社（北京市西城区百万庄大街22号）	邮政编码：	100037）
责任编辑：	孟宪勐	责任校对：	李秋荣
印　　刷：	保定市中画美凯印刷有限公司	版　次：	2025年11月第1版第19次印刷
开　　本：	182mm×257mm　1/16	印　张：	9.75
书　　号：	ISBN 978-7-111-57821-5	定　价：	79.00元

客服电话：（010）88361066　68326294

版权所有・侵权必究
封底无防伪标均为盗版